DREAMTELLING
RELATIONS
AND LARGE GROUPS

NEW DEVELOPMENTS IN GROUP ANALYSIS

团体分析的新发展

述梦、关系与大团体

[以色列]罗比·弗里德曼（Robi Friedman）著

罗　乐　邱慧娴　吴雪莉　译

武春艳 审

四川大学出版社
SICHUAN UNIVERSITY PRESS

图书在版编目（CIP）数据

团体分析的新发展：述梦、关系与大团体 /（以）
罗比·弗里德曼（Robi Friedman）著；罗乐，邱慧娴，
吴雪莉译．— 成都：四川大学出版社，2023.6
（心·炬）
ISBN 978-7-5690-5205-3

Ⅰ．①团⋯ Ⅱ．①罗⋯ ②罗⋯ ③邱⋯ ④吴⋯ Ⅲ.
①精神分析 Ⅳ．① B841

中国版本图书馆 CIP 数据核字（2021）第 243654 号
四川省版权局著作权合同登记图进字 21-23-150 号

书　　名：团体分析的新发展：述梦、关系与大团体
　　　　　Tuanti Fenxi de Xin Fazhan: Shumeng, Guanxi yu Da Tuanti
著　　者：[以色列] 罗比·弗里德曼
译　　者：罗　乐　邱慧娴　吴雪莉
丛 书 名：心·炬

丛书策划：张　晶　刘　畅　　选题策划：张　晶
责任编辑：张　晶　　　　　　　责任校对：张伊伊
责任印制：王　炜　　　　　　　装帧设计：李　沐

出版发行：四川大学出版社有限责任公司
　　　　　地址：成都市一环路南一段 24 号（610065）
　　　　　电话：（028）85408311（发行部）、85400276（总编室）
　　　　　电子邮箱：scupress@vip.163.com
　　　　　网址：https://press.scu.edu.cn
印前制作：成都墨之创文化传播有限公司
印刷装订：四川盛图彩色印刷有限公司

成品尺寸：170 mm×240 mm
印　　张：11
插　　页：4
字　　数：152 千字

版　　次：2023 年 7 月 第 1 版
印　　次：2023 年 7 月 第 1 次印刷
定　　价：48.00 元

本社图书如有印装质量问题，请联系发行部调换

扫码获取数字资源

四川大学出版社
微信公众号

版权所有 ◈ 侵权必究

序一

PREFACE

接受罗比·弗里德曼博士的邀请，为其《团体分析的新发展：述梦、关系与大团体》一书的中文版写一篇序言，我深感荣幸。

我是许多年前在一个国际团体治疗培训标准工作委员会结识弗里德曼博士的。这个工作委员会由国际上主要的团体治疗专业组织的代表组成，弗里德曼博士代表国际团体分析协会（GASi），他当时是该协会主席，我是中国心理卫生协会团体辅导与团体治疗专业委员会的代表。虽然这个工作委员会最终并没有就国际团体治疗培训标准达成共识，但在工作期间我有幸认识了他。无论是在正式会议还是工作之余的闲谈中，他都给我留下了深刻的印象——温暖、坚毅、智慧，又有力量。我邀请他2016年10月来上海做一次团体分析的培训，他欣然接受。这个培训可能是国内第一个关于团体分析的培训，而培训的内容恰恰是本书讨论的述梦、关系障碍和大团体（士兵矩阵和三明治模型）。

这些内容对我们当时的学员包括我本人来说都是耳目一新的。正如本书书名所揭示的，它们是弗里德曼博士在自己人生经验和临床经验的基础上对团体分析的新发展做出的开创性贡献。他的述梦理论超越了经典精神分析对梦的理解，将述梦置于关系和团体中，让我联想到福克斯所说的："只有能分享才会成长，能交流的才能分享，而有共同的基础才能交流……"弗里德曼博士的述梦理论极大地影响了我在团体治疗中

i

对梦的一系列工作。在了解了弗里德曼博士的述梦理论和方法后，我不再把团体组员报告的梦理解为他个人的，对梦的工作也不仅限于理解显性材料背后的隐性意义，而是将这些梦看作梦者带给团体的礼物，来帮助团体成员和整个团体更好地进行自由联想和自由交流。正如弗里德曼博士所说，这些梦的"价值在于关系"。

弗里德曼博士对关系障碍的论述是对福克斯的病理障碍的定位以及超个人过程（transpersonal processes）等概念的发展。在福克斯看来，团体分析师并不接受精神分析的将"内在心理现实"与"外在物理或社会现实"对立的观点；他认为，"内在的就是外在的，社会的并不是外在的，而是非常内在的，而且穿透了个体人格的最内在的存在"。我相信弗里德曼博士这部分论述对精神动力学和团体分析取向的团体治疗师和咨询师有极大帮助。

由于在上海的培训期间有更多和弗里德曼博士单独相处的时间，我对他丰富的个人经历有了更多的了解。尤其是他在一个充满战争和压力的国家的生活经历，当以色列空军伞降兵的经历，帮助我更好、更深入地去理解他发展出来的士兵矩阵概念，以及处理社区、民族甚至国家冲突的三明治模型。士兵矩阵概念和三明治模型非常具有开创性，令人着迷。他利用独创的三明治模型在国际上开展了许多处理社区、民族、国家和文化之间冲突的工作。这些工作在我看来都是极其需要智慧和勇气的。

我相信对国内的精神动力学、团体分析取向的团体治疗师和咨询师来说，弗里德曼博士的这本书是非常有吸引力的、非常有启发性的，一定会拓宽和加深我们对个体、关系、团体和社会的认识与实践。

最后，我要表达对译者的感谢。她们的翻译文笔流畅，忠于原文。尤其是对一些专有名词增加的注解，让我感受到她们对中译本读者的体贴和责任。

徐勇

上海市精神卫生中心副主任医师

中国心理卫生协会团体心理辅导与治疗专业委员会副主任委员

我记得胡适先生有一首诗，叫《诗与梦》，最后一段的内容是这样的：

醉过才知酒浓，

爱过才知情重；

你不能做我的诗，

正如我不能做你的梦。

正像美酒陶醉人的情感、爱情丰富人的生命、诗歌助人伸出灵魂的触角一样，人类每一个个体的梦，不仅代表一个人的经历与体悟，还代表人与人关系的表达、人与家庭家族和社会关系的呈现。梦是一种表达，亦是一种寻求，更是一封用高级"药水"加了密的来信。

人用梦与自己对话可以加深与自己的连接；人把梦放在两个人的关系里可以促进领悟与改变；而当人把梦放进由许多人组成的关系矩阵的时候，不仅可以加深与自己的连接，不仅可以促进领悟与改变，而且能够了解在更广博的视角下、在更高境界的空间中梦到底对我们意味着什么——人类每一分子的梦组成了全人类的梦。这些无穷的梦就像敦厚的历史、当下的宝藏与未来的预言，把全人类的命运与精神图谱编织在了一起。

这是我第一次看到罗比老师的这本书时，结合自己多年的临床实践，生发出的感慨。这真是一本好书。它极大地激发了那些对人类的梦感兴趣的人们的灵感，而这些灵感帮助我们生生不息。

罗比老师也曾是国际团体分析协会的主席，我与罗乐等同事信任和认同罗比老师，在他的大力帮助下，我们引进了国际团体分析中国地区的系统培训体系。希望在不久的将来，我们作为中国团体分析领域的第一批火炬手，可以将这一方法发扬光大，更好地为人民、为国家的伟大复兴，贡献我们的一份力量。

李仑

亚洲存在主义团体学会创办者

武汉存在主义取向研究院创办者

中国团体分析学院联合创始人

　　我与罗比老师相识于2016年年底。在那之前，我有幸读过他在本书中的几篇文章。作为以色列团体分析研究所的联合创始人、国际团体分析协会的前任主席，他对现代团体分析的发展做出了创新性的贡献。作为一个有着五十年临床经验的心理学家，他参与创立了国际对话倡议组织（IDI，International Dialogue Initiative），并将团体分析的工作理念和工作方式应用到处理社区、民族、国家和文化冲突等领域中。

　　罗比老师关于团体分析的临床思考和运用都是极具开创性的，例如本书中关于梦的工作视角。他首次提出了述梦（Dreamtelling）的概念，经过大量研究和总结，将其运用到团体工作中。这极大地加深了团体治疗师对梦的理解。我们不再将梦的工作局限在个人层面，而是将其当作一种对"关系"的影响的需求。梦者一旦在团体中开始述梦，便展开了梦者与团体/成员之间的对话。理解梦中的无意识交流，可以让我们对"关系"产生新的理解。讲述一个梦，既是梦者对个人内在世界的分享，也是梦者对涵容的请求以及对听众产生影响的需求表达。借由团体参与者对梦的联想和共鸣，以及其他参与者被梦所触动的生活经历或内心体验的分享，我们把这些珍贵而美妙的回声返回给梦者。梦者难以消化处理的情绪可以再次在团体中被容纳和加工，也使梦者产生新的领悟。从团体整体的角度，我们也对团体动力和团体的无意识交流有了更深的理解。

罗比在书中谈到了一种临床思维的基本转变，即把病理学的理解从个体转向关系的维度，并在此基础上提出了四种关系障碍，为团体分析工作提供了更清晰更直接的临床视角。当然，关系障碍理论，不仅可以用在团体中，也可以更好地帮助我们理解社区、组织和社会问题。在各种看似混乱无序的团体进程中，我们可以清晰地看到一个人如何与团体一起"参与创造"了困难的情境，并借由团体的工作获得"修通和治愈"。

本书中罗比提到了"士兵矩阵"这一概念，并且独创了"三明治模型"的工作方式。这些创造可以帮助我们从更全面、更具包容性的角度理解当今社会。大小团体结合的"三明治模型"也能让我们以更好更安全的对话方式处理各种冲突，罗比将这种方式应用到了国际对话倡议组织的工作中。他还在巴勒斯坦人和以色列人之间、北爱尔兰冲突各方之间，以及土耳其和乌克兰的团体中工作。作为团体带领者，多年来他坚持以开放的态度处理冲突，进行艰难的对话。这项工作是极具价值和意义的。

另外，我特别想要说明的是，本书的希伯来语原版及德文、意大利文的书名均为《述梦、关系与士兵矩阵》。这是作者团体分析工作的核心，也是他独特的思想和多年实践、研究的成果。我们的译本译自英文版 *Dreamtelling, Relations, and Large Groups: New Developments in Group Analysis*。在本书第三部分中，作者呈现了大小团体结合的工作方式。

我在几年前读过罗比老师的这本书，且一直跟随他学习团体分析，也接受他的督导。非常荣幸得到罗比老师的信任，他把这本书的中文出版事宜交到我的手里。这是一份沉甸甸的责任。它是老师几十年工作经验的精华，也凝聚了他深遂的思想和深沉的爱。我相信，他的影响和价值一定会在世界各地的团体工作者中传递。尽管我们身在不同的国家和地域，尽管我们说着不同的语言，但我相信，随着这本书在国内的出版，我们共同创造的精神财富也会成为我们的荣耀。

最后，我要感谢翻译团队的邱慧娴和吴雪莉，是她们包容我在翻译工作中的严苛；感谢武春艳老师在我们困难之时伸出援手，对本书进行审校；感谢徐勇老师和李仑老师百忙之中为本书写序；特别感谢川大出版社的张晶老师，实习生华紫瑾、阴溙萌同学——没有她们的支持和坚持不懈的努力，就没有本书的面世。

需要说明的是，我们在翻译过程中对书中涉及的相关术语和背景做了一些解释和说明，作为译者注标注在当页。本书所有脚注均为译者注，文后注为原文作者注。

翻译出版这本书的过程本身就像是做了一场梦。这，是我们共同的事业。谢谢参与这项事业的每一个人，让我们梦想成真，也让更多的人能够在文字中相遇。

罗乐

中国团体分析学院联合创始人

国际存在－人本心理学院中方教员、督导师

　　我的书能以中文出版，我感到非常荣幸。与中国同行多年一起工作的经历，让我不得不尊重他们身上的学者特质，以及他们对病人需求的临床理解。特别是在工作坊和督导中，当我在团体中介绍系统性的梦的工作方法时，我能感受到我对梦的个人和社会用途的理解备受青睐。这让我认识到，中国人对团体的重要性有着如此深刻的理解，他们将梦的工作作为个人和社会发展的一部分。

　　同样地，当我介绍心理病理学不仅是交互性关系的一部分而且也是致病性关系的结果时，中国的不同地区都有回应。我感觉仿佛这些大型工作坊的参与者立即就明白了我所说的关系障碍这一概念。例如，从我十年前在上海对这个概念做第一次演讲开始，工作坊的参与者们便支持这样一个观点：找替罪羊（scapegoating）与被团体一步步排除在外有关。我的中国同行们立即讨论了一个现象，早在团体驱逐的过程结束之前，整个团体会承受一种痛苦，我称之为拒绝关系障碍。

　　最后，"士兵矩阵"这样一个强大的概念的助益性（或实用性）将在未来得到证明。在中国这样一个幅员辽阔、文化如此深厚的国家，"矩阵"的问题是具有挑战性的。

我希望这本书能促进对许多旧的和"新的"概念的讨论和使用。由逃离纳粹德国的犹太难民福克斯（S. H. Foulkes）开创的团体分析理论和实践，将为我的中国同行提供团体思维的基础，以继续发展团体治疗。后来这也被证明是我们在临床工作和专业思维中的一个极大的优势。

罗比·弗里德曼

罗比·弗里德曼博士是一位临床心理学家，为个人、夫妻和家庭服务的心理动力学治疗师，临床小团体的团体分析师。在大会和工作坊以及其他环境中，他还会召集较大的团体，主要是为解决冲突服务，并开发了他所称的三明治模型。在该模型中，团体分析师分别在小团体和大团体中精细加工某个特定的主题。弗里德曼博士很早就意识到，团体分析建立在欧洲的精神分析理论、英国的团体动力学研究和社会科学的基础上，从理论性的原理和临床技术的角度来看，它都是"关系性的"。

弗里德曼的这本选集收录了之前发表的几篇文章，主题包括述梦、人际关系和超个人关系的首要性以及对大团体的探索。其中还有他对士兵矩阵理论的超越，这些矩阵由现代以色列"社会-文化-政治"背景产生的无意识约束和限制构成。这本选集记录了他的专业才能和专业旅程：从对古典精神分析以个体和以内驱力为中心的范式的不满，到创造性参与①的立场，这是团体分析基石的三方矩阵理论的立场。对于团体分

---

① 创造性参与（creative engagement）：临床精神分析实践中的创造性参与是精神分析中所谓"本体论"转向的一个绝好的例子。它说明分析师由此产生的转变，即通过与被分析者的情感接触而面临被打开和被改变的风险，具有非凡的临床潜力和力量。不是我们知道什么，而是我们允许自己经历什么。

析，不论是作为临床学科还是一般研究领域，他都越来越得心应手。

罗比 1948 年出生于乌拉圭，父母是第二次世界大战期间来自欧洲的犹太难民。在受尽人们对德国纳粹难民的种族偏见后，罗比在 13 岁时只身移民以色列。一年后，他才和家人团聚。他 15 岁开始了他的排球运动员生涯。1991 年，他成为以色列国家排球队教练。他曾经告诉我，这种背景、这种经历让他明白成为冠军比成为明星更重要。1966 年，他开始在以色列国防军服役。

罗比曾先后在以色列和苏黎世学习、培训和工作，目前在海法大学（Haifa University）、以色列团体分析研究所（Israel Institute of Group Analysis）任教，他是该研究所的联合创始人之一。他曾任国际团体分析协会主席、以色列团体治疗协会主席，也是苏黎世团体分析研究所（SGAZ, Seminar für Gruppenanalyse Zürich）高级团体分析师，并在以色列、丹麦、德国、意大利、俄罗斯和中国进行团体分析的督导工作。在倡议国际对话的背景下，他与瓦密克·沃尔坎（Vamik Volkan）博士和阿尔德戴斯勋爵（Lord Alderdice）共同领导"西方—伊斯兰对话"，并曾在土耳其、北爱尔兰、乌克兰和俄罗斯工作。除了这些成就，我还想补充一点，罗比已婚，是三个孩子的父亲，七个孙子的祖父。

只有回过头来看，才发现《旧约》中所说的"寄居"（sojourn）可以看作一次旅程，而一段旅程的结束从一开始就已有预示。同样，回过头来看，罗比对梦的本质（不仅在于做梦这一行为而且还在于在特定的关系结构形态中去述说梦这一现象）的洞察，不仅涉及理论和临床上的转变，也涉及他的职业和个人身份的改变。述梦将梦的容器从个体转变为人与人之间，家庭、社区甚至整个社会内部的交流。这一新的视角帮助我们理解梦者对关系的希望，希望他人能听到自己恳求得到认同和理解的声音，并与他一起发挥超凡的想象力。随着罗比述梦研究的深入，他组织了结构严谨的工作坊，这些工作坊专注于以团体形式述梦，并尝试理解那些试图通过共同创造的梦来进行交流的梦者。其中至关重要的是我们对团体动力矩阵的临床管理。

罗比将个人精神痛苦的症状概念化为关系障碍，这一点给我留下了深刻的印象。个人无数的焦虑通过他们的思维、情感和与他人交往的方式表现出来，由此促发他们以互补的、交互的或破坏的方式做出反应。这些反应往往会放大或延续最初的症状，而这些症状最初是在某个关系领域内形成的。基于对这种恶性循环模式的认识和理解，关系性的临床干预和治疗模式策略更为恰当。

罗比把这种对述梦和关系障碍的理解发展为士兵矩阵理论并试图超越它。当然，士兵的生活是非常艰苦的。这种生活既是荣耀的来源，也是痛苦的来源。无论是对士兵自己，还是对他所爱的人、与他相关和依赖的人来说都是如此，反之亦然。而对于一个必须不断动员公民参军而不能依赖职业军人的军队来说更是如此。在一个长期处于战争状态的社会里，男人和女人的关系充满了现实的生存压力，生和死都变得更具戏剧性，即使不是一种悖论，也是一种讽刺。抱持和涵容、被抱持和被涵容成为持续的关注点。

这本书对所有团体分析师，无论是学生还是资深从业者来说都非常宝贵，且极具启发性。本书还呈现了丰富的团体分析的内容，其广泛的应用范围尤其值得关注。罗比·弗里德曼博士向我们展示了他穿过的士兵服，实际上是另一种形式的约瑟的彩衣①。在这本书中，他让我们共享一个集体的过渡性客体。

厄尔·霍珀 博士

---

① 约瑟的彩衣（Joseph's coat of many colors）：据《圣经·旧约·创世纪》（37：3），犹太民族的祖先约瑟，深受父亲宠爱，父亲赠予他一件彩衣。约瑟的兄弟们怨恨并密谋毁掉他。最终，约瑟原谅了他的兄弟，展示了他英雄式的救赎与宽恕。

　　本书遴选了我曾发表过的几篇文章，呈现了近半个世纪我从事的团体和个人治疗工作的研究成果。我的思考通常源于内省——一如我们探究与病人互动的动力和内容的方式。我对自己的临床工作有了深刻的认识后，就试着把它与我已知的理论联系起来。但真正引导我的是我自己的经历和情感领悟：它比任何理论对我的影响都大。我想这可能就是我对做梦、关系障碍的精神病理学的看法，以及我对处于压力下的社会的观点被认为是创新的（也许是"不同的"）且具有个人风格的原因。

　　我的个人背景是这个"思考过程"的重要组成部分。我生活在一个战争频仍的国家，在以色列我经历了无数次战争甚至生存危机，再加上我的从军经历，似乎促使我对压力下的社会中人们复杂的情绪状况进行研究和思考——这是由创伤或荣耀的承诺引起的。士兵矩阵是一种社会结构。如下文所述，在这种社会结构中，统一的思维和对反思的限制导致人们盲目地追随他们的领导人。对我个人来说，承认战争中或压力下的社会离不开荣耀感，是一个挑战。这也是一种禁忌，它须命名为核心的社会动机和个人动机。

　　我随母亲在她的犹太裔德国家庭中长大，他们经历了痛苦的角色转换，从感觉自己是祖国的英雄到后来被指控为叛国者。这让我对现在德国的反士兵矩阵有所认识。我相信，这些痛苦的过程，以及为了消除这些痛苦而做的努力，也帮助我后来与早期的完全认同观念保持距离。我很庆幸自己能保持这种距离。我相信，比起我对士兵矩阵中社会的概念化的贡献，这种距离对我的帮助要大得多。此外，这些年我在苏黎世的工作和学习也帮助我提升我在社交矩阵中进退的能力。在撰写我的博士学位论文（Friedman，1977）的过程中，我逐步理解大屠杀造成的可怕创伤对犹太人的社会化是多么重要；与此同时，我在犹太和以色列身份中奋力挣扎。

我在一个移民家庭中长大。第二次世界大战结束后，我观察到家人适应一个新国家和掌握一门新语言是如何的困难重重。此外，他们中的大多数人都在努力克服大屠杀的经历带给他们的痛苦，这让我很早就接触到创伤后应激障碍和病理学。无需言语，我知道他们的痛苦和希望，我也知道他们的疯狂在很大程度上是人为造成的。他们的创伤会影响每一次互动，会影响他们发展的每一段新关系。这当然帮助我了解亲近的人之间是如何"分配和共享"病理症状的。因此，当我终于能够按照福克斯（S. H. Foulkes，1990）关于病症的"定位"（location）的观点来概念化关系障碍时，对我来说，这是一种"未思之知"（unthought known）（Bollas，1987）：一种无意识的、未言明的真理，在我仍是熟悉的噩梦的听众和见证者之时，便已铭记在心。

我一直密切关注我做的梦，这肯定对我处理梦的方法有所影响。幸运的是，我的梦常常能为我所用；更幸运的是，我能与同伴分享其中一些梦，因为我觉得这对我的发展是有帮助的。述梦不是一种"发明"，而是我在社会中本能的应用。弗洛伊德向弗利斯分享了他的梦，后来又写了《梦的解析》（*The Intepretation of Dreams*）一书。在我看来，弗洛伊德和弗利斯的关系（Masson，1986），似乎是围绕梦建立关系的自然而然的结果。我将述梦定义为一个完整的过程：首先通过"做梦"来对强烈的情绪进行精细加工①，同时试图在内心"消化"它们；随后醒来，回忆梦，然后再寻找同伴来分享这个梦，最好能讨论这个梦。

　　述梦是令人着迷的，这体现在至少三个层面上，这三个层面均可被称为关系性的。我们这些梦者和"一起做梦的梦者"（dreamers who dream the dream）（Grotstein，1979）一同发现显性内容背后的意义，这个过程令人着迷。梦唤起了某些模糊的回忆，把这呢喃细语转化为所有参与者的音乐，这也令人着迷。接着，一个"相遇时刻"②便出现了，一场非常亲密的接触开始了。交流的魅力是第三个层面，其中对关系的影响的隐性要求和对涵容的要求创造了一个交流的环境。可见，述梦扩大了我们对交流和关系的认知范围。

　　幸运的是，不少同事和朋友对我处理梦的方式给予了支持和理解。其中一些朋友，如克劳迪奥·内里（Claudio Neri）和马尔科姆·派恩斯（Malcolm Pines），甚至帮我把我的工作诉诸文字，阐释我的想法，打动了一些读者的心灵。我的弗洛伊德学派背景迫使我摒弃独占梦境的想法。我的方法可以视为对"私人的"经典方法的补充。我认为，它们的价值就在于关系。唐纳德·梅尔泽（Donald Meltzer，1983）督导了我的一些

---

① 精细加工（elaborate）：或译为"精细化""详细阐述"。在认知心理学中该术语指通过整合新的信息，获得更高的认识；在团体治疗中则常指在不同的治疗场景中（个人、家庭、团体等）利用心理动力消化过度情绪、提高意识水平的过程。

② 相遇时刻（moments of meeting）：或译为"相聚的时刻"。在过去的精神分析中，这个概念指的是治疗师与病人建立了某种具有生命和创造性的联系，这种经验会促使分析师和病人发生深刻的、根本的改变。在团体治疗中，相遇时刻还可以发生在病人与病人之间或者团体之中。

工作，如果他知道我们不是在受保护的二元空间中精细加工梦，会气得从坟墓里跳出来。即使比昂不在团体中做梦的工作，我认为比昂也会以类似的方式处理梦。尤其是摩根塔勒（Morgenthaler，1986），他支持我对梦的工作的概念化，我随后便将其称为述梦（Dreamtelling）。正是在罗马萨皮恩扎大学（Sapienza University of Rome）的课堂上，关于关系中的梦的研究首次被称为"弗里德曼述梦"（Friedman dreamtelling）。我感到我的方法得到了支持，我也更有动力进一步阐述它。如今，我认为梦通常是在关系中形成的，然后很快梦者会独自修通，这是"梦"的第一步。第二步，如果可能的话，为了交流和"消化"梦，我们会在关系中进行分享。述梦可以让整个团体"怀孕"，因为它能开启一种精细加工的交流模式，在那里，我们会与另一个人梦的隐性和显性的材料产生共鸣，创造出一个触碰无意识的空间。

我知道，要接受梦与关系有紧密关联的事实需要一段时间。我们梦见某人，和某人一起做梦，并且可能和某人分享和精细加工这个梦。我们的"容器"，我们的"消化器官"，不仅在身体内，也在身体外。这就是让关系变得如此吸引人的原因。当这种关系促生更多的梦时，这种关系将变得更加耐人寻味。哪里有容器，哪里就有梦。

事实证明，用内省来研究我们人际关系的质量往往是痛苦的。因为我们很快就会发现人际关系对功能失调行为模式的影响。我对病症和健康的看法很大程度上来源于两种独特的团体文化：体育和军队。职业体育和军队最突出的特点之一是，不管是男性还是女性必须不断适应不同的关系和环境。在我一生重要的比赛中，最终的和最理想的团队通常并不是当初组建的那个团体。在军队中，特别是在困难的情况下，士兵和指挥官如能适应快速变化的队伍就能生存下来。我观察到，一个团体中的替罪羊，在另一个团体中却可以得到更好的位置。反之亦然：那些被证明效率低下的国王，在被拒绝的边缘成了替罪羊。我还观察到，配对关系和团队关系如何影响精神健康，并造成行为模式的功能失调。至于我们的病理学临床经验，个体病理学并不能给出令人满意的解释。随着时间的推移，我也渐渐理解，福克斯的假设——病症是由关系所引发的——令人恐惧，也会引发内疚感。

由于福克斯没有更深入地探讨这个问题，可能是因为他有意避开纷争和反对，而我的观点后来事实上也遭到了反对，所以对我来说，概括关系障碍的类别变得很重要。在阿加扎里安（Agazarian，1994）对团体发展过程研究的影响下，我对她的概念化有自己的阐释。研究发现，团体成员一开始非常焦虑，在产生依赖后会发展出一定的自主性，慢慢产生了安全感。对他人的信任和健康的相互依赖也是一个主要的发展成果。在她的研究基础上，我将四种关系障碍描述为核心社会情绪的不被涵容。这些情绪化的社交情境分别是依赖、攻击性和排斥性、认同感和处于团体中心或被边缘化。所有的关系障碍都描述了团体中心和其亚团体之间的交互性关系和长期的关系，这也意味着治疗方法也是关系性的——人们总是必须处理障碍的两面及其关系。

本书的最后一章是关于士兵矩阵的一些思考。这是处于生存威胁和荣耀希望压力下的社会中的一种特殊社会结构。这个概念指的是所有的成员都被征召，在这个过程中，每个人需要有思想的大众化①、无私的牺牲和对一个组织或社会目标的过度认同。生活在其中的那些人逐渐丧失了内疚感、羞耻感和同理心。士兵矩阵这一概念浓缩了我在德国、以色

————————

① 　大众化（massification）：指将人们视为一个团体或整体而忽略少数或个体的需求的过程。

列与个人和团体合作时所理解的社会和个人发展过程。在第二次世界大战期间，德国陷入有史以来最糟糕的士兵矩阵之中，随后它实施了巨大的变革，这给我留下了深刻的印象。数百年来，在战争的创伤和荣耀一次又一次的影响下，德国战争一代的子子孙孙实现了他们与其士兵矩阵的分离，可能就是在我称之为"反士兵矩阵"（anti-soldier's matrix）的阶段。

以色列似乎发现自己极度遵从士兵矩阵。在过去的半个世纪里，以色列远没有拥有更加安全和愉快的环境，而是将日益增长的经济和军事实力视为继续生存所必需的资产，而不一定是解脱。士兵矩阵是摩洛克火神①，不断要求社会成员作无私牺牲，越来越多地吞噬他们的行为和思想自由，并边缘化和排斥一些自己的公民。

我会试着描述这个社会，并提出三明治模型。这是一种将小团体和大团体混合使用的工具，可以帮助应对和反思自己的文化。三明治模型使反思成为可能，也许还可以克服人们对士兵矩阵的过度认同、疏远、分裂及其他社会弊病。参加大团体的成员可以有更多的选择和自由，可以走近或远离自己的矩阵，获得成长。

贯穿本书的主要观点之一是团体治疗的独特贡献。例如，我认为适应征的最佳治疗方法必须考虑团体治疗。我也从我个人和团体治疗师的经历中了解到，很多时候，病症可以回到它产生的环境中得到治愈。由社会关系引起的疾病应该在团体中治疗，作为个体治疗前后的补充。最佳的治疗方式是提供一个空间让功能失调的模式得以重现，便于治疗师洞察和治疗。以上四种关系障碍均可以在团体内得到治疗。

---

① 摩洛克（Moloch 或 Molech）火神，《圣经》中迦南的火神和农业神，在祭祀仪式中常常要求人们以自己的儿女为祭品。

　　人类通过成千上万看不见的纽带，以一种无意识的、无边界的方式相互联系，这是贯穿本书的一条主线。这条主线串起了做梦、述梦和关系障碍理论。这些关于人是如何受到社会影响的理论呈现了主体间和团体分析中的超个人性的方式，结合理论思考、临床案例等让人们理解个体在团体中的困难、如何获得发展等归属于一个团体的过程。我还用到了我个人的例子，这些例子可能有助于追溯我的观点和立场。团体可帮助发展，也会造成破坏。团体让我们实现个体无法实现的目标。我们需要学习更多的方式来创造性地运用参与者的力量以促进个体的转化和成长。

参考文献

Agazarian, I. (1994) The Phases of Group Development and the Systems-centred Group. In M. Pines and V. Schermer (Eds.), *Ring of Fire*. London: Routledge.

Bollas, C. (1987) *The Shadow of the Object*. London: Free Association.

Grotstein, J. S. (1979) Who Is the Dreamer Who Dreams the Dream and Who Is the Dreamer Who Understands It. *Contemporary Psychoanalysis*, 15 (1).

Foulkes, S. H. (1990) *Selected Papers: Psychoanalysis and Group Analysis*. Edited by E. Foulkes. London: Karnac.

Friedman, R. (1977) *Das Problem der Aggression und seine psychologische Deutung in der Tradition des jüdischen Denkens*. Doktorarbeitder Universität Zurich.

Masson, J. (1986) *The Complete Letters of Sigmund Freud to Wilhelm Fliess, 1887–1904*. Harvard: Belknap Press.

Meltzer, D. (1983) *Dream-Life*. Perthshire, Scotland: Clunie Press.

Morgenthaler, F. (1986) *Der Traum*. Frankfurt: Qumran.

目录 CONTENTS

第一部分

梦与梦者的关系
以及家庭述梦的研究

PART ONE

导读

述　梦

　　一切都始于我与我的梦的联系，以及我对梦的内容与记忆梦、述梦关系的兴趣。有两个"事件"帮助我明确了自己对述梦的思考（Friedman，2008）。第一次是在我儿子三四岁时。那时他经常做噩梦，大哭不止。一听见他的哭声我会立刻从床上跳起来冲进他的房间。安抚后他通常很快就睡着了——留下我忧心忡忡，有时这种情况在同一晚上发生好几次。我从这种"互动"中了解到这就是焦虑和恐慌的非语言交流，也认识到梦者和他的听众可以分享情感。后来我才明白，这些情况比我们想象的还要普遍。我将儿子的交流方式称为"对涵容的请求"（request for containment），我明白我是"待命的容器"（container-on-call），我们两人关系紧密。

　　还有一件事情让我对述梦的深层次交流有了更深的理解。这是一个病人的故事：他在一次聚会中爱上了一个年轻女子，却没有足够的勇气去接近她。回到家，他梦见她的红唇似乎在等待一个吻。而在他的梦里，他们也确实激情亲吻。虽然起初他的梦像是痴心妄想，但在这个故事中，他的梦还有另一面。在我们这个地区，参加派对的人通常第二天下午会在海滩上再聚。然后，带着这个梦，他鼓起勇气去接近这位年轻女子，与她分享这个梦,真还俘获了她的芳心。直到很久以后,我才把这看似平淡无奇的事件概念化:梦对一段有需求的关系产生了影响。梦的"被述说"是一种无意识的交流,可改变与听众的关系。理解这一点能帮助我进一步阐明述梦的"转变性"。梦不仅信息丰富,而且有改变关系的力量。后来,我意识到将大部分交流理解为"涵容的请求"和"转变关系的需求"具有普遍的临床意义。

说到述梦,我指的是一个完整的精细加工的过程,以梦者在睡眠中对过度的情绪精细加工开始,以与合作听众分享梦境来进一步加工这些过度的情绪结束。有些人记得住自己的梦,可向别人详细描述,引起别人的共鸣。虽然通常在治疗中讲述的梦似乎需要诠释,但在我的临床经验中,我发现并不是每个梦者都对诠释有所准备,也不是每一段与梦者的关系都可以触动无意识。最后,我们必须承认,比起深度诠释,人类往往更需要简单的心灵共鸣(Friedman,2006)。

这个观察结果都助我定义什么是"塑造性"工作:当我们感觉梦者处于破碎[①]的危险中或处于危机中时,我们应该先利用所讲述的梦来强化梦者的自体(Self)。述梦要求首先"塑造"或构建参与者之间的关系。这就是我经常建议应该"重新梦到梦"(redreaming the dream)的原因之一。就像这个梦是听者自己的梦一样,这才应是对梦的反应。

梦是一种特殊的精神"消化"(digestion)的结果,它消化了过度的威胁和/或令人兴奋的情绪。这是一种适应性系统,对人类来说是功能性的,也是自然的,就像呼吸一样。后来,梦可能会发生改变以适应

---

① 破碎(fragmentation):自体心理学概念。如果儿童在自体形成时期受到创伤,父母并未给予共情的反应,自体的结构便会变得不稳定,进而破碎。

我们的存在或思维——有时是为了享受梦。通过将情感和思想神奇地翻译[1]为故事、剧本、图像、已知或希望的关系和声音，梦就这样被创造出来了。研究者认为，通过比较过去和现在的情况，我们在无意识精细加工时很可能用到了自己一生的经验。

我与梦的第一次职业接触就缘于经典方法。经典方法是像分析文本一样分析梦。最先引起我注意的是梦的内容，我想这与弗洛伊德（Freud，1900）传统的"诊断性"（diagnostic）方法大同小异，后来我将其重新命名为"信息性"（informative）。我们中许多对梦感兴趣的人，首先着迷于揭开无意识的面纱，了解梦者的心理，破译隐秘的内容，如同破译罗塞塔石碑[2]。很快，我对另一件事情饶有兴趣：梦到底是以哪种独特的方式向梦者揭示他该如何应对困难呢？和摩根塔勒（Morgenthaler，1986）及其他人的观点一样，我认为梦及其结构刻画梦者特征的能力远远超乎我们的想象。

但这件事情很快就把我带入更多互动的领域。首先，是否每个梦者都能从深度诠释中获益？我的临床经验表明，情况并非如此。在本书中，我试图就谁可能因诠释受到伤害并且怎样预警提供指导。述梦还有可能帮人

---

① 翻译（translation）：翻译通常指团体组织者以各种语言方式翻译团体成员的初级言语过程，把症状性和象征性的意义转化为思考与理解。它等同于团体分析中让潜意识上升到意识层面的过程。这是一个由内而外的过程。在这里，作者借用这个词表达从外部现实转化为心灵内部的梦的过程（参考哈罗德·贝尔、莉赛尔·赫斯特著《心理动力学团体分析——心灵的相聚》，武春艳、徐旭东、李苏霓译，中国轻工业出版社，2017）。

② 罗塞塔石碑（Rosetta Stone，也译作罗塞达碑）：刻于公元前196年，上面有古埃及国王托勒密五世登基的诏书。石碑分别用古埃及象形文字圣书体、通俗体和古希腊语三种文字刻成，曾一度无人能懂，后被法国语言学家尚·佛罕索瓦·商博良破译出来。

们找到合作的伙伴。我们在研究中发现，梦可以发送强大的、有意识的和无意识的信息，影响梦者与听者的关系，即使是新的伙伴关系也不例外。

我了解到，并不是讲述的所有梦的内容都会转入移情，因此梦并不完全针对倾听的治疗师。虽然这种情况经常发生，但述梦更多地与涵容和进一步精细加工的请求有关。述梦不仅是一种精细加工过度强烈情感的工具，也是一种建立关系、成为伙伴以及转化关系的工具。仅此一点就足以使述梦成为一件令人着迷且复杂的人际事件。经过讲述，这些梦突然超越了"通往梦者的皇家大道"①，变成"通过与他人建立关系以通向梦者心灵的皇家大道"。最奇怪的是，我们清晰地意识到梦者不仅是在为自己做梦，他还被请求去精细加工他人的情感困难。梦虽然是隐秘的，但可能会被身边的人"借用"，这种对梦的新的理解的确令人震撼。孩子、朋友或病人可能要求梦者消化他们自己无法涵容的问题。因此，在治疗团体中，这种交互性的协同工作对双方来说都意义非凡。

与梦境打交道不需要天赋异禀，是可以后天学习的。一般来说，人们若有一个"容器"就会更好地记住梦、分享梦。家庭或团体成员一旦开始分享他们的梦，其外在身体与内在生活的疏离就会渐渐减少。那些"梦团体"（dream-groups）的参与者似乎已然见识了梦的复杂性和丰富性，并逐渐以梦为伴，更好地精细加工困难情绪。我从梦团体中学到了很多，团体成员分享梦，其他成员把梦当作"自己的梦"来回应，由此完成治疗工作。在治疗中用到述梦的团体，其成员关系与其他团体相比有质的不同。

"心灵剧场"（Resnik，2002）成为梦的舞台，在这里团体成员既

① 皇家大道（Royal Road）：引自弗洛伊德。在《梦的解析》（1899）一书中，弗洛伊德曾说："梦的解析是对思维的无意识活动的认识的皇家大道。"皇家大道指达到某种位置、状态或结果的特别平顺、容易的路途或方法。

相互影响又有精细加工。福克斯（Foulkes, 1964）本人并没有远离强调内容的早期传统精神分析梦的工作思维。事实上，述梦这一工作方式促进了梦者的身份认同过程，可作为团体分析工作的模型之一。它使团体之镜像和共鸣的作用发挥到极致。好像在团体中围绕梦创造了特定的音乐，必须播放和倾听，才能在情感上产生共鸣。

本书第二章介绍了我们在海法大学对100名男性和100名女性进行的一项调查。我们询问了他们的家族史、个人经历和现在的述梦模式。调查发现，特别有趣的是，父母对孩子梦境的涵容，对孩子长大后与内心世界联系的能力，特别是与梦的联系，有一定的影响。有重要证据表明，这种对梦的分享能力可以跨代传递。分享梦的意义逐渐明晰后，我们发现，大多数家长不知道如何倾听孩子的梦，也不能以一种促进交流而非羞愧、内疚或操纵的方式，对孩子的梦做出反应。反之，那些有能力分享梦、涵容梦的个人、夫妻和家庭似乎从情感交流的巨大优势中受益颇多。例如，刚进入恋爱期的男人会喋喋不休地向恋人讲述自己的梦。这也表明他们认为自己找到了一个"容器"，并在无意识中影响这段关系的发展。

我本人关于解决冲突的漫长故事始于二十多年前。当时连与一名巴勒斯坦专业人士握手都是一件很难的事情。在那之后的几年里，我经历的痛苦难以尽数。我精细加工了一个又一个困难的感受，特别是仇恨、羞愧，其中最难的是内疚。"内疚的战争"（guilt war）这个词意为，指责对方的能力越强，就越难以接受自己的内疚（Friedman, 2015）。在我看来，这似乎是与以前的"敌人"（enemies）谈判的最大障碍。这不仅需要个人的转变来减少"战争"的破坏性，还需要营造一种特殊的社会情境来对这种内疚感予以支持。我在许多不同的场境中都尝试过，现在也仍然在努力应对来自"另一方"（other side）的仇恨和指责。那些代表多方的梦帮我理解和涵容"另一方"及其引起的感受。事实上，我们经常可以看到，当我们把梦当作自己内心和社会各对立方之间的对话从而被精细加工时，梦几乎就是解决冲突的一种对话。

参考文献

Foulkes, S. H. (1964) *Therapeutic Group Analysis*. London: Allen and Unwin. Reprinted 1984. London: Karnac.

Freud, S. (1900) *The Interpretation of Dreams* (ch. 6–7. Standard Edition 4–5). London: Hogarth Press.

Friedman, R. (2006) *The Dream Narrative as an Interpersonal Event – Research Results*. funzione- gamma. La Sapienza, Univ. of Rome. www.funzionegamma.edu/inglese/ currentnumber/ friedman.asp

Friedman, R. (2008) Dreamtelling as a Request for Containment – Three Uses of Dreams in Group Therapy. *International Journal of Group Psychotherapy*, 58(3): 327–344.

Friedman, R. (2015) *Using the Transpersonal in Dream-telling and Conflicts. Group Analysis*, 48 (1): 1–16.

Morgenthaler, F. (1986) *Der Traum*. Frankfurt: Qumran.

Resnik, S. (2002) Reflections on Dreams. The Implications for Groups. In C. Neri, M. Pines and R. Friedman (Eds.), *Dreams in Group Psychotherapy* (pp. 197–209). London: Jessica Kingsley Publishers.

述梦作为涵容的请求：

梦在团体治疗中的三种作用 [1]

本章介绍了一个与梦相关的临床理论，这个理论假设述梦在临床中有三种功能：信息性功能、塑造性功能和转变性功能。我们运用团体分析理论和关系理论研究了述梦的无意识和主体间性的两种功能：（无意识）隐含的对涵容的请求和对梦的听众（dream-audience）关系的影响。

区分做梦和述梦

弗洛伊德（Freud，1900）是将梦概念化为"一种思维方式"的第一人。许多精神分析理论家，如荣格（Jung，1974）、比昂（Bion，1962）、梅尔泽（Meltzer，1983）、科胡特（Kohut，1984）、奥格登（Ogden，1996）都追随他的脚步，认为做梦是一种应对机制。似乎存在一个普遍的理论共识，那就是做梦是为了修通情感上的困难。做梦是一个内在的心理（intrapsychic）过程，它帮助梦者处理清醒生活中可能会体验到的过于危险或令人兴奋的精神内容。正如弗洛伊德（Freud，1900）假设的那样，梦可以是了解梦者无意识的"皇家大道"。自弗洛伊德以来，几代治疗师一直致力破译隐藏在梦的显性内容之下的"象形文字"和秘密，认为揭示这些秘密是我们接近梦者真实自我的方式。在治疗团体的语境中，梦也被认为是理解整个团体以及除梦者外的其他参与者潜在欲望和冲突的一条"皇家大道"。

做梦被认为主要是一种内在心理的自主功能，与其相反，述梦则始终是人际事件，是无意识地选择分享被伪装过的或模糊的信息的结果。述梦带出了一些耐人寻味的问题，比如我们会向谁讲述自己的梦，为什么讲述梦——也就是说，在讲述梦的这个过程中，我们有意识和无意识地期望从对方那里得到什么。在做梦的过程中，只有自己可以控制梦，而在述梦时，其他人可以帮助涵容梦。梦的接收者对梦进行精细加工，帮助梦者修通他未消化的情绪和未处理的动力。

做梦可以视为精细加工过剩情绪的内在心理阶段，而述梦可以理解为人际阶段的补充。首先，做梦是尝试解决情绪问题的方式之一，但在这个阶段未完成的精细加工，在人际阶段可进一步消化。我把这种述梦的功能称为"涵容的请求"（Friedman，2000）。也就是说，如果做梦阶段未能解决好内部张力，接下来可能还有一次机会精细加工那些在梦中没有被涵容的内容，这个阶段就是人际阶段。前提条件是梦者找到一个能够接受这种请求并有能力涵容的可做精细加工的伙伴。述梦的第二个主体间性功能是，述梦可对梦者与倾听者的关系产生显著的（通常是无意识的）影响（Friedman，2004）。述说的梦对人际过程的强烈影响，下面将会讲到。不过，若团体治疗师只注意梦的内容和梦者的内心世界，可能只是还原，这是对述梦涉及的复杂人际过程的过度简化。

梦的三种作用：信息性、塑造性和转变性

除了明确做梦和述梦的区别，梦的临床工作还可以从以下三个角度来理解。信息性作用——通过对梦的分析，评估或诊断一个人或一个团体；塑造

性作用——强化梦者的自我或自我结构，或者以同样的原理提升团体的工作能力；转变性作用——将做梦理解为一种强大的人际交流方式，可改变梦者与其听众的关系。第一，信息性视角是探索和解释梦的内容和结构的经典方法，可增强意识水平，进一步了解梦者及其内心世界。在治疗团体中呈报的一个梦可以照亮个体乃至团体的未知深处。第二，所呈报的梦的塑造性作用，是从治疗的角度提升梦者自我处理的能力，特别是当退行和创伤威胁使自我破碎时。这种非诠释性的方法也适用于处理儿童梦中明显发展不成熟的人格。第三，梦的转变性意味着，述梦可以以特定的方式影响梦者与听众的关系，从而实现人们的愿望。治疗师需要关注以上三个方面，并且意识到这样的工作对所有团体参与者来说都是错综复杂的。

案例分析 治疗性团体中关于骑自行车的梦

以下这个梦是一名参加一周两次治疗性团体的参与者报告的。

> 全部团体成员到卡梅尔山骑车。我（述梦者）骑在最前头，在带领者附近。然后我开始加速，一路领先，一路侦察，还多次返回团体队伍，以确保一切正常。

这个病人做的梦可视为涵容过度的威胁和兴奋情绪的第一步（Bion，1962）。在这种情况下，他既兴奋又恐惧：一方面他想实现与领导者亲近的愿望，但另一方面又想通过成为最好的自行车骑手来击败其他参与者。通过讲述他的梦，他在团体面前承认他有竞争倾向，他想在团体中找到自己的位置。这位男性三十多岁，有独立的职业，却难以建立真正的、亲密的、持久的关系。他有一个他认为"很棒"实际上却令人恐惧的母亲。在他的童年记忆里，她很专横，经常羞辱他和他的父亲。在治疗中发现，他有两种主要的情绪贯注（emotional preoccupation）：（1）尽管在专业领域取得了成就，他仍非常嫉妒他成功的哥哥，母亲似乎偏爱哥哥；（2）在性方面，他有大量的自慰行为，与女性交往浮于表面。他和其他六名同为三十多岁的病人参加每周两次的治疗性团体已有三年。他试图融入这个团体，但通常受到一个非常挑剔的亚团体的排斥，他们认为他虚伪且压抑。但在述梦之后，他们认为他这次的自我剖析更开放、更诚实，述梦是他的一个转机。在那之前，他们一直同情他，认为他是一个聪明但不成熟的年轻人，不得不"装腔作势"（用服装和语言）来掩盖他在生活中孤独、反常和情感淡薄的一面。

他的梦间接地将他的内在动力和冲突告诉听众。他想当第一，很难依靠别人，特别是领导者，但又因与他人疏离而痛苦。我们认为，他在做梦时试图应对他与我这个团体领导者的竞争和他对安全纽带需求之间的冲突，这个内在心理尝试是徒劳的。他靠自己没有成功，所以我建议他把梦带给团体，因为这个梦隐含着他的冲突需要涵容的请求。

我曾在其他著作中描述过，述梦也可能对梦者与其听众未来的关系产生影响（Friedman，2004）。在上面这个例子中，通过讲述这个梦，梦者不仅表明了他与团体的关系（在他看来是边缘性的），这与他希望的和我这个领导者的"亲密"关系形成了鲜明对比，而且还通过隐含的矛盾信息及时影响了这一关系。他似乎在我（他认为是团体中唯一重要的人）和"不太重要"的其他成员之间制造了一种分裂的关系，这种复杂的竞争和分离的动力通过他来回骑行的动作传递给团体，也传递给了我。

随着团体讨论的进展，梦者对亲近某人和拒绝他人的矛盾使团体疏远他，留下他一个人独自挣扎。虽然他要求与我亲近，却无感于自己被排斥，他得到的回应基本上是冷淡的，甚至是贬低的。当他试图解释来回骑行的原因时，一名女子轻蔑地催促："说，说，说……"另一名男子则吹嘘自己的自行车技能。现在，梦的本质似乎在团体中被活现了[①]：他的孤独、与团体的距离，以及他对我的矛盾心理，不仅反映在梦中，也表现在团体进程中。团体攻击了梦者，因为他的"傲慢"和他们在他身上感受到的情感淡薄、咄咄逼人的竞争行为，以及他对团体带领者的不成熟依赖。

论心理渗透性、为他人做梦和团体中的"在一起"

在精神分析文献中，做梦被认为是一个纯粹的心理过程。然而，做梦作为一个对困难的涵容和精细加工的过程，不再仅仅是一种纯粹的个人活动。通过心理渗透性和认同倾向，梦者利用他人对梦的涵容和精细加工的能力来帮助自己消化困难的情绪。我们不仅梦到自己的冲突，也梦到别人的问题——梦可以"为别人"而做。比如，亲近的人若有困难，他可能会触动、感动那些认同他的人，并激活他们的梦。母亲可能会有意识和无意识地通过做梦解决孩子的问题，其他重要的关系也会如此。因为认同，治疗师可能会为病人梦到一些东西，反之亦然。团体或家庭中也许会有某位成员具有比受到困扰的同伴更强的修通困难的能力，他常常会梦到这些困难。梦者对素材的认同，以及他为他人梦到困难的能力，与基于心理渗透性和主体间交流所预设的亲密性相结合，可在做梦时启动精细加工的过程。团体互动涵盖了从表层到深层的人际和主体间的互动，从呈现和见证困难的情绪，到精细加工这些

---

① 活现（enact）：又译为扮演、活化、行动化，名词形式为 enactment，与之相关的概念还有重演（re-enact, re-enactment）。该词起源于喜剧，表示角色的扮演。在精神分析中表示因治疗师与病人共同的无意识投射性认同的"象征性互动"而扮演某种心理角色。他们在行动中而不是通过反思和解释来表达移情或反移情。扮演与付诸行动常常一起出现（acting out 也可译为行动化），常被混淆。但两者根本的区别是扮演通常指的是某种模式的重现，而付诸行动则是把某种情绪用行为表达出来。

情绪、与它们建立联系，再到以我们认知以外的方式相互影响。这种以投射、认同为媒介的沟通和精细加工的交流被定义为"容器—被涵容"（container-contained）过程（Bion，1962；Ogden，1979；Rafaelsen，1996）。

在这个临床案例中，这名病人的梦在团体中被其他人用来修通某种特定的人际动力，尤其关注在团体中领导者最喜欢谁。这里我的想法是，团体中讲述的梦可能是在表达和精细加工一个问题，这个问题不仅影响到梦者，也影响到他所处的社会环境中的人。因此，如果能持开放的态度来分享梦并加入"精细加工的伙伴关系"（elaborating partnership），将为团体提供进行更深层次对话的机会（Friedman，2002a）。

我的意思是，病人梦到了这个问题——"谁和团体带领者关系密切？"——但他自己却无法化解这种担忧所带来的紧张情绪。梦的显性伪装，骑自行车、侦察、移置等符号的潜在意义，都揭示了梦者及其团体的情绪和动机。这位梦者，因其独特的个性和关系模式，有能力认同这些问题，并成为这些情绪困难的一个（也许是部分）容器，为自己和团体中的其他人梦到这些问题。以这种方式把述梦概念化，有助于理解听众对特定的梦产生的共鸣，也有助于了解为什么这个团体那么容易与个人的梦建立联系。个人的梦作为话语的重要主题，可表明其精神生活中的一些特征。

哪里有容器，哪里就有梦。如果个人在一段建设性的关系中渴望成长，那么述梦就能完成在做梦时未能完成的精细加工。如果预见到述梦会被听众拒绝，那么这个梦就不会被讲述或分享出来。

经典方法：梦的信息性作用

梦作为一个信息库，它为治疗师、朋友和家庭成员服务，帮助他们深入理解和认识梦者本人以及梦者与他们的关系。这些元素通常是从梦的内容中提取出来的。此外，我们可以研究梦的结构，思考梦表达了什么，还要考虑它是如何表达的。弗洛伊德的释梦试图发现梦隐藏的动力和冲突，在梦的信息性研究方面也有进一步发展。例如，客体关系理论认为，分裂的、无法接受的感觉可呈现在"非我"（not-me）的梦中。根据这一表述，做梦本质上是一种努力，主要是通过将自我（self）的这些威胁性部分投射于外部客体（"非我"），旨在缓解无法承受的情感对梦者的掌控。梦者可能会受到攻击者的纠缠、嫉妒者的威胁，或者受到性诱惑者的迫害。为了"重新拥有"每晚的"图像"和"文本"，这种揭开隐藏意义的精神分析方法似乎仍然占主导地位。值得注意的是，团体治疗中处理梦的普遍方法与这种个人方法极其相似。即使是那些被称为"团体梦"（group dreams）的成果，也通常会采用经典的方式来处理，那就是帮助梦者照亮他的内心世界。然而，如果仅仅是梦的显性内容中有团体的元素，就其本身而言还不能定义为"团体梦"。更重要的是要帮助参与者与梦中的素材联系起来，从而将其提升为"团体的梦"（dream of the group）。一起"梦到梦"（dreaming the dream, Grotstein，1979）是团体治疗独特的优势，因为它具有多焦点回应，因此提升这一能力是团体治疗师的最终目标。无论是所谓的反馈还是共鸣，与他人及其无意识分享这种"心弦的拨动"（striking a cord）是一种可以在团体中使用的独特的交互性工具。

除了常规的信息性研究，在对梦的结构的分析和解释中还可以找到额外的参数，这些参数反映了梦者自我（the dreamer's ego）的能力和结构（Friedman，2002b）。梦的叙述、剧本和故事的组织，包括人物的数量和性质，可能会给我们提供一些关于梦者的个性和内化的人际模式的线索，这些模式可能会在团体中得到"活现"。探究梦中主角的角色，可以更深入地了解梦者的内化团体，以及他对冲突关系的应对模式。梦中的主人公之所以被"征召"，是因为他们能够涵容令人兴奋或受到威胁的情绪，因此起到了"涵容性的角色"（containing roles）的作用（Agazarian，1994）。梦者为了修通而"使用"这些客体[2]，这个过程我称为"梦中的投射性认同过程"（projective-identification-in-the-dream）（Friedman，2002b；Ogden，1979；Rafaelsen，1996）。

我以前称这种信息性的方法为"诊断性"的，是为了强调从梦中提取素材的经典用途是对梦者进行心理诊断，促进其自我认识（Friedman，2002b）。梦的类似诊断作用可以在客体关系理论（Grotstein，2002；Bion，1992）、自体心理学（Stone and Karterud，2006），以及其他精神分析学派中找到。后一种方法考察了梦者在自我状态的梦中实现自我一致性（coherence）的能力；研究梦的内容，就是为了在关系中获得自体－客体功能（self-object functions）。

从信息性／诊断性的角度看梦的案例，正如团体精细加工的那样，梦者把作为团体领导者的我描绘成一个既能容忍带有攻击性的竞争又能容忍病人既想远离又想靠近的矛盾心理的人。这就好像我们的梦者，童年记忆中，母亲和哥哥支配欲强又可怕，父亲被贬低，在家里没有地位，他在梦中告诉我们他试图通过团体来体验新的人际关系。评估梦的组织性也很重要：如果一段叙述包括有组织的运动（能量）和明确的人物，而且人物之间建立了友好的关系，那么这段叙述通常是自我足够强大的标志。这使得进一步的工作成为可能。梦中的结构层次越高，团体成员就越有安全感，谈论梦的个人意义和人际意义就更自由。

述梦的方式和背景提供了关于梦者及其社会关系的其他线索。在这个案例中，述梦的方式开放且直接，为后面对话的展开提供了足够的空间，可进一步了解团体内重要的关系模式和移情现象。例如，此次述梦之后我们又进行了几次治疗。一位参与者对梦者的不敏感表示愤怒，我对此作出了回应。

我指出，他的自行车梦，与《圣经》中约瑟告诉他的兄弟们的梦有相似之处。约瑟的兄弟们怒不可遏，把他扔进坑里，还把他卖为奴隶。又经过两次团体治疗，一位女士评论说，我提到约瑟的梦帮她理解了她对梦者为什么有这种感觉。她分享了自己的恐惧，也分享了与我亲近的愿望。显然，梦在团体中的讲述引出了与亲密关系相关的嫉妒、竞争、冲突等主题。

在述梦的语境中，我们可以学到很多东西。试想一下病人在疗程开始时记录的梦和在最后几分钟提供的梦的不同。呈报梦是在团体这个人际环境中的一种交流，对个人、亚团体和团体都有意义。斯拉普波斯基（Schlapobersky，1993）以类似的思路描述了这个工作：梦首先是一段独白。然后，它成为对话的主题，最初是这名男子和他的伴侣之间的对话，后来是团体中的男性和女性之间的对话，因为大家都被吸引到了对他们关系的回顾中。这个团体就像古代戏剧中的合唱团，用公开的认可来挑战私下的欺骗，用公开的肯定来确认私下的认可（Schlapobersky，1993：231）。我鼓励团体成员与梦共鸣，"就像它是你自己的梦一样"。团体成员学会用他们的个人回声（echo）在情感上与梦共鸣；随着时间的推移，他们还能与梦产生自由联想，这往往也代表了他们作为独立的个人和自己作为团体成员的情感运动和参与。

我认为，梦的内容和结构所呈现的首要的也是最重要的信息性作用，应该是对梦者的探索性或深度心理治疗的能力的评估。许多人无法对有威胁性的、深层次的诠释进行有效的、渐进式的工作，至少在一开头是这样。他们甚至无法处理在述梦之后此时此地（here-and-now）的互动中讨论的梦隐藏的可怕的内容。同样，团体需要评估它是否准备好做这种梦的工作；团体需要经历一个为涵容做准备的过程。在这个过程中，要保护好梦者和其他团体成员（Friedman，2002b；Ullman，1996）。

梦的塑造性作用

如果对梦的评估结果表明它的叙述缺乏成熟的结构，那么可能需要用一种塑造性的方法来处理这些材料，以提升梦者和团体其他成员的思维组织层次。治疗师和成员可能会先帮助病人塑形、塑造和建立梦中被动摇的或破碎的自我，而不是急于做可能威胁到病人和团体的深入诠释（Fosshage，2000）。似乎有些治疗师常常倾向于过早且盲目地揭示梦中非常危险和过度兴奋的内容[3]。我建议，如果"梦的皮肤"（dream skin）是有缺陷的，那么最好采用一种非诠释性的、强化性的对话，这种对话有利于建立自我，就像梦的结构所表现的那样（Anzieu，1989）。这种人际接触必须是安全的，在这种情况下，梦的听众才能陪伴梦者涵容梦中令人焦虑或兴奋的内容。涵容这些"需要修复"（in need of mending）的结构（Winnicott，1969）的方法有很多。团体成员在场讲述一个梦，且这个梦被认可，此时便会形成一个较安全的过渡性成长空间。此外，对梦进行共情性回应的人际互动过程似乎是形成更有内聚性的自体（cohesive self）的第一步。比昂描述了一位受到严重精神困扰的病人，他只能在精神分析学家面前"小心翼翼地做梦"（Bion，1992）。重述梦（retelling the dream）（Friedman，2002b）可以帮助梦者接受对无法承受的可怕情绪的外在涵容（external containment）。这个过程可能是通过扩充梦的显性叙述、描绘细节及伴随的感觉来实现的。梦的现象学研究方法可以帮助我们承载梦的经验，并护送梦者安然度过。在经典的精神分析设置中，对于受到严重精神困扰的病人，罗登（Loden，2003）详细地描述了对他的梦进行塑造性工作的各个步骤。自体心理学的模型似乎对梦的塑造性使用尤有帮助，因为它将梦的意象视为情感反应或主题体验的表达，而不是伪装的产物（Stolorow et al.，2002）。这种非诠释性的方法通常可以以独特的方式维持病人在梦中体验的共情性浸入[①]的状态，真正地满足梦者的自体意识，并与受到威胁的自我状态保持联系。根据方纳吉等人（Fonagy et al., 2002）的理论，坚持以不贬低、不曲解的态度来对待显性梦，可以强化自我、促进内聚性和心智化（mentalization），这样就不会造成过度的精神痛苦或对崩解（disintegration）的恐惧。

在团体中讲述一个破碎的梦，意味着对梦者脆弱的精神状态或对团体目前涵容困难的状态发出警告。也许明智的做法是，承认梦中困难的显性内容，加强团体对困难的容忍能力，鼓励团体和梦者围绕梦建立精细加工的合作伙伴关系。

许多团体治疗师认为，梦本身可能就是团体心智的建造者（Stone and Karterud，2006；Puget，2002）。如果梦被讲述，团体治疗的质地和深度可能会改变，从而发展出团体独特的方式。建立工作文化是团体成长的核心。自体心理学对梦的工作方法似乎对塑造性有特别的效果，因为它对参与者的情感变化和脆弱性很敏感，还为他们在治愈和发展过程中提供保护。斯通和卡特鲁德建议我们"寻找团体的情绪回应和反应，而不是寻找隐藏的内容和诠释"（Stone and Karterud，2006：73）。这种方法为饱受困扰的梦者在努力涵容的过程中提供支持，而不是推动他消耗能量去探索有潜在威胁的、破碎的无意识。

在上述这个案例中，很明显，几乎不需要做什么塑造性的工作。与破碎的梦相反，这个梦结构完备，饶有趣味，反映了人与人之间的关系，没有描绘灾难性或可怕的事件。然而，在述梦的人际互动过程中，这个梦可被看作

---

① 共情性浸入（empathic immersion）：或译为同理性溶入。在临床设置中，共情性浸入是一个缓慢的、反复尝试的长期过程。自体心理学家在保持其客观性的同时，沉浸在病人的情绪中，理解病人的经验。

深层次团体工作文化中的一个组成部分。它使团体面对共同的困难情绪（如嫉妒、竞争和依赖）时拥有更多的安全感和开放性。

述梦的转变性

如上所述，述梦既可能在无意识中向对方提出涵容的请求，也可能力图对听众产生情感影响（Friedman，2002b，2004）。述梦，作为在做梦时就开始的尚未成功的"精神消化"（mental digestion）（Bion，1992：50）的延续，可以看成是涵容的再次努力。我们提出的想法是，在我们的案例中梦者与团体分享梦，涵容梦所反映的焦虑和竞争欲望，其中主要是他对依赖的愿望和自恋的需求之间的持续冲突。梦者的直觉促使他向团体分享这个梦，这是他无意识的一种努力——"通过他人工作"（work through the others）（Friedman，2002b）。他与该团体的关系发展到了新的阶段，由此他怀有希望，希望这样的冲突可以被容忍，且能得到更高效的进一步加工。

人际、主体间性第二种功能表现为述梦者对听众及其关系的影响。高度宣泄的梦的内容不仅被呈报，而且通过隐秘的投射和认同性交流等主体间的过程，影响了梦者与听众的关系。这个梦对所有团体成员都产生了强烈的影响，其中一些人对某些内容有强烈的认同感。这些内容分享后，他们公开承认与梦者更亲近，主要表现为接受他的需求，对他的性格缺陷特别是他明显的竞争欲望和自恋需求做出更友好的回应。这种情感共鸣和不断发展的"成为一部分"（being part of）或"与之共处"（being with）的感觉相结合，成为团体治疗的一大特征。

另一个人际功能改善的例证是，梦者与团体建立关系的能力有所提高。述梦可以证明梦者变得更加开放，也是对团体对他作为"他者"的接受度的一种考验。团体参与者在渐渐认识到他的孤独和自恋驱动的竞争后，与他更亲近了。虽然梦者与我这个领导者的矛盾关系激怒了一些参与者，但团体最终理解了梦者与我建立一种特殊关系的需要。许多人认为这是他所知道的融入团体的唯一方式：通过我，并且努力表现出最好的一面。总之，他和这个团体对人际关系和内心活动多了些了解，述梦还成功地改变了他在团体中的地位。

除了梦的信息性价值，临床工作还将梦的素材用于塑造性和转变性的目的。治疗师需要思考的问题是：梦者或团体有哪些困难是自己无法处理的？涵容的请求是什么？梦和梦者对其与听众的关系有什么影响？这个梦对未来的影响是什么？由述梦事件引发的情感运动将把我们带向何方？

我们的梦者请求将他在团体中自恋和矛盾的地位正当化，这一请求渐渐为团体接受。团体对他的梦的回应表明了他们的理解，即他无法独自精细加工他与权威的关系，特别是与我的关系。听完这个梦，我得到了两个警示：他为我们前后侦察的"好"（goodness），以及他把自己放在与我亲近的位置的"坏"（badness）。当他坦率地表示希望与我建立排他性关系，却对其他成员平等接近我的类似愿望不够敏感时，我察觉到了自己内心的不快。起初，这个团体实际上让他独自与自己的行为和结果作斗争，展示了梦的活生生的另一面：它重现了孤独，就好像如果不让每个人都参与到梦中描绘的模式和情绪的重复中就没有改变的可能性。这很可能是"一起做梦"的精髓：在团体中讲述一个梦，立刻让人联想到一场由回声、思考、诠释和共鸣上演的戏剧——简言之，在这种话语体系中，关系模式和幻想不仅被表现了出来、得到了讨论而且有进一步的精细加工。

这个关于骑车的梦让每个人从愤怒（"你很傲慢""你很冷漠""你咄咄逼人，就像你逼你自己一样"）和嫉妒（"你在操纵团体带领者"）变成同情。这位梦者最终更好地理解了他与他人"在一起"的方方面面。团体成员纷纷报告说，述梦让他们获得更高的洞察力，交流效果更好。我由这个梦引申到约瑟的故事，让参与者谈论他们与兄弟姐妹为得到父母的偏爱而产生的愤怒的情绪和相互竞争的关系。我认为，团体之所以可以从这个梦中获益，是因为他们让自己受到这个梦的影响，慢慢地接受它，就像"这是他们自己的梦"一样。这是朝着建立一种新关系迈出的重要的一步，在这种关系中，团体和梦者相互信任并感受到对方真实的情感运动（emotional movement）。参与者的地位和融入问题的动机逐渐得到涵容，这种关系变成一种非破坏性的竞争的联结模式。

小　结

团体治疗中，梦可以被概念化，并作为团体的一个主体间空间进行工作，这是有益的。在这个空间中，梦者和整个团体（包括带领者）共同处理与所有人相关的情绪（Ogden，1996）。述梦有一种独特的潜力，它使团体的联想矩阵（association matrix）变得丰富，并在个人和团体之间架起了关系的桥梁。一个梦在团体中被讲述的过程中有各式各样的平行的无意识动机。团体应该通过团体共鸣来"一起做梦"，并利用被讲述的梦所创造的新空间来对其进行精细加工。信息性的工作通常与个人有关，也与团体中的其他参与者有关，这些参与者通过同化从梦中获得的独特信息而成长。同样地，这个信息性工作也与团体整体有关。述梦也可以用来"塑造"（form）和巩固个人的心智空间，建立团体结构。最后，述梦既满足了梦者对进一步涵容的需要和请求，也改善了梦者和他的听众之间的关系。团体成员，包括带领者，应该对梦的精细加工以及对未来关系的交互性影响持开放态度。

注　释
....

1. 本章内容曾在《国际团体心理治疗》上发表〔Friedman, R.（2008）Dreamtelling as a Request for Containment – Three Uses of Dreams in Group Therapy. *International Journal of Group Psychotherapy*, Vol. 58（3）：327–344〕。

2. 这一理解进一步区分了温尼科特（Winnicott, 1969: 711)的两个术语："客体关联"（object relating）和"客体使用"（object use）。对他来说，梦到某人就是"客体关联"，因为它不是与"事物本身"（thing itself）的关联。

3. 这一行为的原因是多重的：比如对过早"冒进地"（plunging）诠释（Foulkes, 1962）所带来的伤害一无所知。此外，治疗师的干预似乎常常是对梦的内容或结构下意识所传递的挑战的反移情反应。

参考文献
....

Anzieu, D. (1989) The Film of the Dream. In S. Flanders (Ed.), *The Dream Discourse Today* (pp. 137-150). London and New York, NY: Routledge, 1993.

Agazarian, Y. M. (1994) The Phases of Group Development and the Systems-entered Group. In V.L. Shermer and M. Pines (Eds.), *Ring of Fire* (pp. 36–86). London: Routledge.

Bion, W. R. (1962) *Learning From Experience*. London Heinemann.

Bion, W. R. (1992) *Cogitations*. London: Karnac.

Fonagy, P., Gergely, G., Jurist, E. L. and Target, M. (2002) *Affect Regulation, Mentalization, and the Development of the Self*. New York, NY: Other Press.

Fosshage, J. L. (2000) The Organizing Functions of Dreaming: A Contemporary Psychoanalytic Model. Commentary on paper by Hazel Ipp. *Psychoanalytic Dialogues*, 10: 103–117.

Freud, S. (1900) *The Interpretation of Dreams* (Standard Edition 4–5). London: Hogarth Press.

Friedman, R. (2000) The Interpersonal Containment of Dreams in Group Psychotherapy: A

Contribution to the Work With Dreams in a Group. *Group Analysis*, 33(2): 221–234.

Friedman, R. (2002a) Developing Partnership Promotes Peace: Group Psychotherapy Experiences. *Croatian Medical Journal*, 43: 141–147.

Friedman, R. (2002b) Dream-telling as a Request for Containment in Group Therapy: The Royal Road Through the Other. In C. Neri, M. Pines and R. Friedman (Eds.), *Dreams in Group Psychotherapy* (pp. 46–67). London: Jessica Kingsley.

Friedman, R. (2004) Dreamtelling as a Request for Containment: Reconsidering the Group-analytic Approach to the Work With Dreams. *Group Analysis*, 37: 508–524.

Grotstein, J. S. (1979) Who Is the Dreamer Who Dreams the Dream and Who Is the Dreamer Who Understands It? *Contemporary Psychoanalysis*, 15: 110-169.

Grotstein, J. S. (2002) 'We Are Such Stuff as Dreams Are Made on': Annotations on Dreams and Dreaming in Bion's Works. In C. Neri, M. Pines and R. Friedman (Eds.), *Dreams in Group Psychotherapy* (pp. 110-146). London: Jessica Kingsley.

Jung, C. G. (1974) *Dreams*. Translated by R.F.C. Hull. Princeton, NJ: Princeton University Press.

Kohut, H. (1984) *How Does Analysis Cure?* Chicago, IL: University of Chicago Press. Loden, S. (2003) The Fate of the Dream in Contemporary Psychoanalysis. *Journal of the American Psychoanalytic Association*, 51: 43–70.

Meltzer, D. (1983) *Dream–Life*. Worcester: Clunie Press.

Ogden, T. H. (1979) On Projective Identification. *International Journal of Psychoanalysis*, 60: 357–373.

Ogden, T. H. (1996) Reconsidering Three Aspects of Psychoanalytic Technique. *International Journal of Psychoanalysis*, 77: 883–900.

Puget, J. (2002) Singular Dreams: *Dreams of Link Scene and Discourse*. In C. Neri, M. Pines and R. Friedman (Eds.), Dreams in Group Psychotherapy (pp. 98–109). London: Jessica Kingsley.

Rafaelsen, L. (1996) Projections: Where Do They Go? *Group Analysis*, 29: 143–148.

Schlapobersky, J. (1993) The Language of the Group: Monologue, Dialogue and Discourse in Group Analysis. In D. Brown and L. Zinkin (Eds.), *The Psyche and the Social World: Developments in Group-analytic Theory* (pp. 211–231). London: Routledge.

Stolorow, R. D., Atwood, G. E. and Orange, D. M. (2002) *Worlds of Experience: Interweaving Philosophical and Clinical Dimensions in Psychoanalysis*. New York: Basic Books.

Stone, W., Karterud, S. (2006) Dreams as Portraits of Self and Group Interaction. *International Journal of Group Psychotherapy*, 56: 47–61.

Ullman, M. (1996) *Appreciating Dreams: A Group Approach*. London: Sage.

Winnicott, D. W. (1969) The Use of an Object. *International Journal of Psychoanalysis*, 50: 711–716.

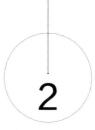

2

作为人际事件的梦的叙述：

研究结果 [1]

　　在心理治疗中，梦一直是理解和改变病人的核心。弗洛伊德（Freud，1900，1933）强调了梦的内在心理层面，不太注重梦的叙述。但是做梦和述梦之间有一些重要且关键的区别。下文将从梦的叙述的角度对梦进行思考，重点探讨在"父母－孩子"的环境中梦的叙述的人际层面。经典的精神分析注重内在心理，它对梦的兴趣主要是在个人层面上：梦作为梦者无意识的个人表征（personal representation）而被述说。与之相反，我们的理解是，做梦是人们（无意识地）力图处理过量的威胁或令人兴奋的内容的过程。我认为，这种情感材料与梦者有关，与其亲密的他者也有显著关系。因此，做梦的人在无意识中开始对自己及其环境的艰辛和令人兴奋的内容进行精细加工。更重要的是，根据弗洛伊德的观点，我认为梦不仅为梦者打开了通往内心生活的皇家大道，也开启了通往他所处环境的艰辛的皇家大道。我进一步提出，梦的讲述可能意味着有一个特殊的机会进一步精细加工那些没有得到很好控制的情绪。在"述梦的梦者"和"一起做梦"的接纳者之间，述梦创造了一个人际空间，使得梦者在做梦时未完成的消化过程得以继续。经典观点认为，梦的机制是通过伪装和其他防御来减少张力，用以解释梦者与睡眠过程的关系，但对述梦来说这不是一个很好的解释。

讲述梦的一个目的是通过人际关系来精细加工梦：梦者寻求潜在的或外在的涵容。这种外在的涵容，是通过述梦者和听众之间的无意识相遇，以及由这种相遇产生的主体间过程来实现的。例如，梦见对自己父母的攻击性行为，经典观点可能认为，梦代表对亲人的破坏性驱力的激活，或对爱人的对抗性反应，又或者是潜在的俄狄浦斯冲突。但梦的叙述是一种交流（通常是无意识的），可能会启动亲密过程，改变关系的性质。它可能会向听众发出潜在的威胁信号，同时也会向听众发出请求，希望他们帮助自己涵容没控制好的冲动。

对涵容的请求是述梦的人际功能之一。这通常意味着，做梦这个过程对具有过多威胁和过于兴奋的情绪的涵容并不令人满意，因此需要寻找一个外部容器，以继续进行精细加工。弗洛伊德、荣格和克莱茵认为，梦指向一种潜在的连接——梦者与无意识和与自体被拒绝的部分的连接。但是述梦的作用不仅如此。除了促进梦者的心理发展，述梦还建立了梦者与听众自体某些部分的联系，促进他们未来关系的改变。述梦有内在的希望甚至信仰（Neri，2005），这种感觉会启动内部和外部的过程。

述梦可视作第一次自主地努力应对过度情感之后的第二步。这并不意味着梦者要求涵容的永远是处于危机边缘的事件。述梦通常意味着通过梦－关系（dream-relation）的内容或性质来影响一段关系。尽管内容相似，但一个恐慌地述说自己在路上以极快的速度开车的病人，和一个吹嘘自己在梦中以最快速度在城市赛车的青少年之间存在巨大的差异。前者寻找的同伴能够涵容自己对冲动的恐惧；而后者寻找的同伴则能涵容他对自己（全能）力量的喜悦和自豪。将权力的渴望或恐惧强加于人、开始或保持一段亲密关系，都是述梦的目的。

从治疗团体的另一些例子发现，男性和女性因性别不同述梦的表现而有所差异：女性述梦可能会从焦虑的梦开始，希望通过分享焦虑和软弱来建立她所熟悉的关系，从而获得他人帮助；男性述梦则有所不同，在他们分享的梦中，梦者似乎在吹嘘，采取（全能的）分裂－偏执位置[①]，向团体主导位置推进。

一个人也可能是一个"无梦人"（non-dreamer），他的自我可能无法将贝塔元素（beta elements）转化为阿尔法思维（alpha thinking）。[②]阿尔法功能（alpha function）不够发达，就不能"梦见"一个困难，这意味着这个人可能无法很好地消化困难。在这种情况下，梦－关系可能是以请求涵容为主要目的的一种叙事。这个人迫切需要另一个人来梦到他的梦——他可能不知道如何得到帮助，并带着对涵容的隐含请求来叙述这个梦。

帮助叙述梦

由此可见，述梦的发展过程是通过阿尔法功能的增加而建立起来的。第二步，通过"他者"进行涵容，当然也会对第一步自我涵容产生影响。与经典梦理论的更具诊断性的方法及其随后的转变性方法相比，将这种梦工作方法定义为塑造性也许较为合适（Friedman，2004）。儿童和病人可能在梦中对复杂的无意识层面进行工作来塑造他们的心理结构。通盘考虑不同的个体内部和人际层面促进梦的叙述意义重大，这是思维发展中的第二步——人际

---

① 分裂－偏执位置：奥地利精神分析学家梅兰妮·克莱茵提出的概念。分裂－偏执位置指的是包含焦虑、防御，以及内外在客体关系等一系列心理状态的聚集。当人处于分裂－偏执位置时，他会根据自身的体验，以两极化的态度将客体划分为好和坏两种。

② 在母子之间的交互心理过程中，为了将原始的和难以忍受的感觉（β，称为贝塔元素）转换为可思考和可以忍受的感觉（α，称为阿尔法元素），受到威胁的未成熟孩子需要母亲的转换能力，即阿尔法功能。

的步骤。做梦的能力是以一定程度的心理成长为基础的，这可能包括对父母涵容功能（阿尔法功能）的内化，这是思考和处理困难的情感材料的能力的先决条件（Bion，1963；Ogden，1979）。在下一阶段，述梦也有其特定基础：梦者必须感觉到他现有的关系可以涵容他所讲述的梦。虽然做梦作为一种精神活动似乎完全独立于梦的记忆，但做梦作为一种消化应对活动并不是每个人都具有的（Ogden，1996；Grotstein，1979；Bion，1992）。如果它不能自然发展出来，就需要外部帮助。比昂提及一位精神病病人时说，他"只有在他的分析师面前才能做梦"（Bion，1992：40）。

述梦（dream-telling）和听梦（dream-listening）之间似乎有很强的联系。这种联系对治疗师来说是显而易见的，他会和病人一起发现向无意识敞开大门的治疗关系，这种发现既促进了梦的记忆也促进了梦的叙述。即使是报告"不做梦"的病人，当他们开始接受治疗时，也会惊讶地发现他们有了一种"新"能力，可以通过梦与内心世界建立联系。我相信这样的发展不可能仅仅是暗示的结果。在其他著作中（Friedman，2002a），我推测了梦的记忆本质：它与梦的容器的在场有关。这个容器可能是一种重要的关系，能够容忍甚至对梦所代表的世界感兴趣。对许多人来说，这是关系的前兆（precursor），有助于承受和精细加工艰难的"梦的生活"（dream life）（Meltzer，1983）。此外，我认为（Friedman，2003b），在孩子有机会将外部容器内摄之前，在他做了无法承受的噩梦极度恐慌时，他的父母若能开放地接受他的梦，此时便是他与父母的"相遇时刻"，一种特殊的亲子关系得以建立。孩子大哭，这是请求他的父母——"待命的容器"——予以涵容。父母立即回应便加入了这个精细加工的伙伴关系，以承受孩子梦中的困难情感。尽管这样的关系大多是由非语言互动开始的，但这第一步印刻的环节（imprintive episode），有助于培养梦者运用梦的能力，无论是从个人的角度还是从人际的层面来看。这种能力可能会促进"做梦"这个第一阶段的发展，这是梦者的自主涵容，也会促进随后第二阶段的述梦。这一继发性的结果使我们有可能通过外部涵容来完成对一段"不够好的"梦的精细加工。因此，晚上做梦时所达成的内部涵容，事实上是梦者在述梦阶段已经掌握的"技能"。

此外，我在临床观察中得出以下结论：男人根本不是梦的好容器，而女人很难涵容男人的梦。这一观察结果指向父母在涵容方面的困难，这使得发展精细加工的伙伴关系变得困难重重。父亲似乎不是一个足够好的梦的容器。母亲们可能更容易涵容儿子的梦，因为她们可以很好地承受（只有很短一段时间）但不会精细加工他们的梦。因此，父母通常不能真正消化孩子的梦，也无法将消化好的梦的材料回馈给孩子。涵容会强化并支持做梦，不涵容则会将梦熄灭。男人不喜欢应付或分享梦中具有威胁性的内容，尤其是当这些梦与规范的男性权力和力量角色相对立时。有些梦会暴露梦者恐慌的、受害者的形象，或揭露他回避男性角色而去承担女性角色的倾向。这样的梦是令人难以忍受的，但每个人都会做这样的梦。一般来说，母亲更适合也更有能力涵容梦。比起儿子的梦，她们更有能力承受和精细加工女儿的梦。这种对男孩的梦缺乏涵容是从父母那里学到的，男孩长大后也会重演（reenact）男性无法修通情绪困难的角色。这一思路促使我研究家庭述梦的模式，这一工作仍在进行中。

对儿童梦境内容的调研

为此，我们在海法大学编制了一份有 21 个问题的调查问卷。在对儿童梦境内容的调查中发现，儿童的梦有明显不同的几个发展阶段（Ram，1997）。五岁的儿童比年龄较小的儿童做梦的时间长，描述梦的能力也更强。这与自我"思考"能力的发展是一致的，比如对困难的修通。梦的内容也反映出显著的性别差异。男孩和女孩都会"梦见"日常人际关系中的情绪和思虑，甚至比成年人更多。但男孩和女孩梦中的攻击性内容存在显著差异。比起女孩的梦，男孩在梦中的活动更有力量，也呈现更多的肢体暴力，正如他们日常玩的游戏。女孩经常梦见自己成为受害者，男孩则会避免在梦里以受害者的形象出现，更偏向于梦见伤害动物而不是人，特别是亲密的人。

对述梦的研究

沿着这条思路继续进行研究，我和许多从事临床工作的同行发现述梦存在显著的性别差异。形成内容差异的原因之一可能是男性比女性更少讲述梦。我们试图研究容器（当了父母的听众）和被涵容者（儿童梦者）之间的关系，我们假设这种关系会影响梦的叙述的消亡或唤起。这项研究的重点是建立精细加工的对话，即"修通"的伙伴关系（"working-through" partnership）（Friedman，2002a）。我们发现，梦的叙述能力和精细加工能力似乎可以应用到某些特定领域，比如应对男性的家庭暴力和加强女性发展关系的能力。显然，一方面女性通过多种交流渠道（例如述梦）来述说自己的情感困难的能力促进了她们社交技能的发展；另一方面，我们可能会说，男性缺乏像述梦这样的精细加工的空间，所以男性的暴力倾向有可能保留下来。而有些社会由于受益于原始的攻击性，非精细加工的好战性可保护它的社群，也许在无意识中强化了这种发展的不足。

在之前的调查中，我们发现直到五岁左右，男孩和女孩的做梦能力才表现出不同。当男性求爱或恋爱时，他们的述梦能力会相对提高。我们曾寻找证据以证明男孩的述梦能力在儿童早期的某个阶段就消失了，或者至少是被消极强化了。我们还曾在找到的证据中发现，女性通过寻找积极环境的回应（尤其是父母的）来支持她们述梦。在个人和团体治疗中我们不难发现，治疗空间对男性和女性的述梦能力都有削弱或加强的影响。

关于家庭述梦情况的研究

在 95 份有效问卷中，父母要回答以下几个问题：孩子讲述的梦体现的性别差异有哪些？他们对男孩和女孩的梦的回应有哪些不同？孩子述梦的倾向与父母自己的述梦有哪些相似之处？回答这些问题的男性只有 10 名，女性则有 85 名。这些父母的平均年龄是 43 岁，平均受教育年限为 15 年，主要来自以色列北部。

研究结果

在这项调查中，没有证据表明男孩向母亲讲述的梦比女孩少。有趣的是，有重要证据表明，比起男孩，女孩向父亲讲述的梦更多。梦的内容也存在差异：男孩讲述的噩梦明显更多，而女孩讲述的愉快的梦更多。然而，对男孩梦的解释性回应似乎比女孩的更多。这项调查证实了一项公认的发现，即男性记住和呈报的梦要比女性少得多。

结　论

述梦是一种习得性的人际事件，大多数研究结果都为这一基本假设提供了证据。男孩和女孩在对噩梦讲述上的差异可能与他们的人际交往方式不同有关。男孩的梦表明，他们不得不应对更公开的攻击，显然是身体上的攻击，而且似乎在睡梦中他们努力修通这些刺激。要成功做到这一点需克服固有的困难，这可能是抑制梦的记忆因素之一。本研究没有找到在述梦方面有显著差异的明确原因。

我们可以假定，不同的梦对听众会产生不同的影响。男性记忆和讲述的梦比女性少得多，由这一发现可以假定，容器的可得性影响了对梦的记忆，从而影响了是否将梦的叙述用作进一步精细加工的工具。过去的某些东西似乎夺去了男孩对梦的记忆力和述梦能力。

我们认为调查问卷的设置不够准确，无法确定和理解性别差异。例如，尽管我们知道男孩的述梦能力在五到七岁后会减少（不管是什么原因），但在研究结果中，这种变化没有显著性。针对女孩比男孩会更多地向父亲讲述梦这一发现，我们应持保留态度（因为作答者中父亲很少），但这也引发了有趣的猜测。从本质上讲，这种差异强化了这样的假定：述梦是一种人际事件。不管是什么原因，男孩更难向父母讲述自己的梦，因为他们男性的角色主导了其他方面。这一结果与男性不喜欢应对"男性"的梦的假设是一致的——作为父亲，他们当然更喜欢女儿的梦。也许这种偏爱更多出于对女儿的依恋，而不是梦的内容。女儿－父亲的纽带可能会因父亲能够涵容梦而得到加强，而父亲似乎对儿子缺乏涵容。这一发现应该在更多的父亲中做进一步调查，并对他们的涵容进行更深入的质性研究。

日常生活中的应用

这些结果可能帮助人们意识到，由于男性人际关系经验较缺乏，即使是内心世界非常丰富的男性也不大会讲述他们的梦。如果我们希望恢复与他人交流内心的能力，并重新建立与男性无意识的联系，我们必须建造一个容器，让梦者获得分享和处理困难内容的能力。这在任何年龄段都可以做到。教会父母为梦的叙述提供一个容器，似乎才是最容易的方法。尤其男性缺乏必要的技能来提高对自己孩子的涵容能力。具体来说，男孩的梦本身也特别难以涵容。最近，我们有几个团体中的母亲学会了应对儿子在梦中的暴力行为。她们之所以能做到这一点，是她们对所叙述的梦进行了交互性反思，从而理解了做梦和述梦的动力。此外，接触有暴力内容的电影（如《道格维尔》，2003）也是探索和促进内在暴力内容交流的途径，母亲可用这种工具与孩子的攻击性建立连接，并涵容他。

注 释

1. 本章内容曾以同名发表：Friedman, R. (2006a) *The dream narrative as an interpersonal event – research results*. funzionegamma. La Sapienza, University of Rome.

参考文献

Bion, W. (1963) *Elements of Psycho-Analysis*. London: Jason Aronson.

Bion, W. (1992) *Cogitations*. London: Karnac.

Freud, S. (1900) *The Interpretation of Dreams* (Standard Edition 4–5). London: Hogarth Press.

Freud, S. (1933) *New Introductory Lectures on Psycho-Analysis* (Standard Edition 22). London: Hogarth Press

Friedman, R. (2002a) Developing Partnership Promotes Peace: Group Psychotherapy Experiences. *Croatian Medical Journal*, 43(2): 141–147.

Friedman, R. (2002b) Dream-Telling as a Request for Containment in Group Therapy: The Royal Road Through the Other. In M. Pines, C. Neri and R. Friedman (Eds.), *Dreams in Group Psychotherapy*. London: Jessica Kingsley Publishers.

Friedman, R. (2004) Dreamtelling as a Request for Containment – Reconsidering the Group-Analytic Approach to the Work With Dreams. *Group Analysis*, 37(4): 508–524.

Grotstein, J. S. (1979) Who Is the Dreamer Who Dreams the Dream and Who Is the Dreamer Who Understands It? *Contemporary Psychoanalysis*, 15(1).

Meltzer, D. (1983) *Dream-Life*. Worcester: Clunie Press.

Neri, C. (2005) What Is the Function of Faith and Trust in Psychoanalysis. *International Journal of Psychoanalysis*, 86: 79–97.

Ogden, T. H. (1979) On Projective Identification. International Journal of Psychoanalysis, 60: 357–373.

Ogden, T. H. (1996) Reconsidering Three Aspects of Psychoanalytic Technique. *International Journal of Psychoanalysis*, 77(5): 883–900.

Ram, O. (1997) *The Comparison of Different Themes and Aggressive Patterns as Appearing in Dreams and Free Play of Four-to-Six Year Old Children*. Unpublished Paper, Thesis submitted at the University of Haifa.

von Trier, L. (2003) *Dogville*. Lions Gate Films.

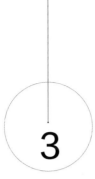

3

在述梦和冲突中运用超个人性[1,2]

引 言

团体分析是一种独特的、有效的治疗方式,可与其他疗法配合使用。为什么说它是促进个体和社群健康和发展的最佳方法呢?因为它提供了一个空间,在这个空间里个体和亚团体可以完成个体或二元体无法完成的事情,它让特殊内容浮现出来,唤起个体独特的情感体验,它也是一个使独特的情感运动成为可能的场域。团体成员情感的交流取决于他们的勇气、开放程度和带领者的技巧。

分析性团体通过超个人性为这种人际交流提供了最佳机会(Foulkes,1975:253)。超个人性具有一种特殊的交流性质,通过参与者的自体之间的高渗透性来实现。它使得"与他人协同工作"和"通过他人工作"成为可能。通过觉察团体中的交流活动,成员提高了他们参与的能力,学会了看到和使用超个人性,提高了互动的质量。这就好比一个站在黑暗中的人,给他一个夜视仪(NVD)[3],突然之间他就能"看到"别人和自己。这种更宽广的视野让人更好地理解社交空间,更有能力以更积极的方式驾驭人际关系,并对生活有更高的觉知。

团体分析对"超个人的"和"人际的"做了区分。福克斯和安东尼说,"在进一步概念化（formulation）我们的观察时，我们便把这些过程看作不仅是人际的而且是超个人的"（Foulkes, S. H., Anthony, J. 1957：26）。这意味着超个人性不同于人与人之间的交流：它不仅仅是人与人之间的交流，而要是"通过"他们，用他们的心灵来交流。使用超个人性为个人提供了调查和改变他们团体的归属方式。超个人性还让人们能够应对诸如拒绝、排斥焦虑的基本的关系情绪，并渗透到所有社交场合，虽然人们对此的觉察程度不同。分析性团体的参与者通过使用超个人性来研究人际情感运动，比如寻求认可和影响。人际领域是人类互动发生的空间——而在超个人层面可以理解互动的模式。"超个人现象可以追溯到任何团体心理学方法的根本，需要基本的思维转向。"（Foulkes, 1964：18）

尼茨根（Nitzgen, 2010）认为，超个人性连接我们和符号语域（symbolic register, 即个人交流），这是一种抽象的、超越了显性的交流。在日常生活中，超个人性让个体参与者以多种方式相互"利用"，比如把自己的梦告诉对方。分析性团体就是这种独特的超个人运动发生的舞池——它是对丰富性的邀请，让我们一起创造，一起做梦。（当然，人们也只有被邀请才会步入舞池。）

已故以色列诗人耶胡达·阿米亥（Yehuda Amihai）抓住了团体分析的精髓，他写道：

> 人们利用彼此
>
> 作为治疗疼痛的良药。
>
> 他们把对方放在存在性的伤口上
>
> 在眼睛上、在嘴上和张开的手上。
>
> 他们紧紧抱住对方，不肯松手。

(Amihai, 1986：77)

在团体分析中，我们意识到，虽然超个人性的概念与"关系性的"主体间性的概念极其相似（甚至可以说是相同的），但还是比它早了一代（Friedman,

2014）。1954 年，福克斯将人际心理动力学描述为"超个人的显现"，这种显现不会"把自己限制在个人的边界内，而是经常包括一些相互联系的人"（Folkes，1954：26）。三十多年后，米切尔追随福克斯的方法，将关系矩阵描述为"将心理现实视为……既包括内在心理领域，也包括人际领域的最有用的方式"（Mitchell，1988：9）。超个人和矩阵的概念也促进了与精神分析中的关系方法进行更密切的对话。

我对"超个人"一词的理解是，"超个人"是分析性团体的参与者相互联系的独特的、可渗透的方式，是"人们的一种'内部'心理（endopsychic）的共同联盟"（Foulkes，1966：154）。在矩阵中，超个人连接的过程是"透过个体（而实现）的——类似于物理领域中的 X 射线"（Foulkes，1973：229）。

心灵的可渗透边界让"互动的协奏"（concerts of interactions）成为可能，并造就了关系的"超个人特征"。超个人过程具有传染性和影响力，包括内摄、投射和"投射性认同"[4]（Redl，1942；Rafaelsen，1996）。

我将"超个人性"概念应用到我们的临床实践中，并扩展了超个人方法的运用范围，将其应用于矩阵中的"梦－生活"的无意识交流。团体分析方法还表明，我们要转变对病理性关系的理解（Friedman，2007，2013），本章不会讨论这一点。最后，我将提到团体分析思维在冲突解决领域的应用。

梦在团体分析中的应用：做梦和述梦是对涵容的请求

那些用来定义健康和病理性关系的超个人原则，包括精神渗透性、社会无意识矩阵中的相互影响和强烈的主体间共价键[①]，再次被应用到做梦和述梦

[①] 共价键（valency）：源于比昂团体治疗的概念，指病人与团体进行结合的意愿，若结合能力强，则称为高共价键。

的领域。

自从达尔迪亚的阿特米多鲁斯（Artemidorus）首次写出"梦的解析"（公元前3世纪），当然还有弗洛伊德（Freud，1900）以来，许多人都认为梦的内容和做梦的过程揭示了我们思想的本质和秘密。为什么在承认梦代表我们巨大的内在财富的同时要很好地利用我们的梦却存在这么多的困难呢？为什么莎士比亚希望梦能够消失，"连一点烟云的影子都不曾留下"（《暴风雨》）？我们的"真实自体"（Winnicott，1965）及其在梦和噩梦中的反映是独特的，富有创造性的，似乎很矛盾，有压迫性，太可怕，让人无法忍受。汉娜·西格尔心情矛盾地说："梦的结构反映了人格的结构"（Segal，1980：100）。承认"构成我们的材料，也就是构成梦的材料"①（莎士比亚）通常是可耻和痛苦的。把做梦和述梦嵌入团体分析的超个人方法，可能会激发出新的方法来认识和精细加工梦的内容。这种方法并不具有排他性，它超越了梦是关于个人内在或个人内容的理解，转而认识到人际方面是梦和述梦的工作中不可或缺的一部分。超个人方法明确了梦的三种作用，丰富了梦的内容。这三种作用是信息性作用、塑造性作用，以及一种会改变关系的方法——梦的转变性作用。

信息性方法

案例分析

下面是一个梦的片段，后文中我会再次提及。

我端着一盘弹珠走向我的母亲。我想让她看看我的弹珠。

---

① 作者这句话选自莎士比亚的《暴风雨》，原文为"We are such stuff as dreams are made on"，本书选用的是朱生豪译本。

梦里的信息相当多。弗洛伊德和他的众多追随者，如克莱茵、比昂，会去寻找隐藏在显性内容下的含义，比如"走向母亲""弹珠"和"想让她看看"。我把这种做法称为信息性方法（Friedman，2006，2012）。解读梦的内容仍然被认为是获取梦者心理动力、梦者与团体和治疗师关系的相关信息的"皇家大道"。理解梦的任务成为我们交互活动中最吸引人的元素之一。每一代、每一个团体精神分析师都推动了很多关于梦的工作：识别梦的内容中隐藏的情感，通过梦对梦者和团体进行诊断，更深入地理解梦者在梦中分裂为"我"和"非我"的部分，等等。认识到那些与我们有联系的人（包括他们的意义和目的）是梦的一部分，可使许多其他理解梦的视角成为可能。

我们只为自己做梦吗？

做梦可能不像我们认为的那样只具有个人专属功能。超个人观点认为，一个人的做梦功能可能被他的伙伴、孩子、配偶、病人和团体"利用"，以处理他们的困难情绪（Winnicott，1969）。述梦是一个精细加工和涵容的过程（Bion，1992；Ogden，1996；Friedman，2002，2012），它消化了过度的威胁和兴奋。一个人的做梦能力也可能被他身边的人无意识地用来涵容超个人冲突、跨代创伤及其他困难——就像比昂（Bion，1962）展示的，母亲如何通过阿尔法功能来处理那些孩子的极端情绪，即无法思考的贝塔（β）元素。治疗师和病人可以用到彼此的加工功能和梦。由此，我们就可以从一个新的角度来理解上述例子中的梦："展示弹珠"代表了梦者的婴儿式需要（infantile need）（一种经典的述梦方法），或者梦者努力满足母亲对自恋供给①的持续需求吗？这个梦可能是梦者为了让母亲平静下来而做的。

---

① 自恋供给（narcissistic supplies）：常带有贬义，指自恋者对来自他人的关注、欣赏的病态的过度需求，并且这个过程中自恋者并不在乎他人的感受或想法。

　　为了进一步加深我们对做梦和述梦的理解，我们将做梦和述梦视为情感精细加工过程中两个连续且相辅相成的步骤。做梦似乎是个人处理一种过度情绪的第一次努力，随后可能通过述梦来进行第二次处理。记住一个梦，然后把它分享到一个超个人的矩阵中，对它精细加工，通常可以和梦者现有或以前的伙伴一起完成。[5]然后，述梦则是"通过他者"来"重新梦到这个梦"（re-dreaming the dream），由此可能会让我们在精细加工困难情感的过程中更进一步。在上述例子中，若梦者没有述梦，甚至在伙伴愿意无意识地参与到梦的内容和信息的涵容中时，也不和他分享梦，那么仅靠梦者自己可能无法进一步精细加工他和母亲的需求。

　　当婴儿在梦中哭喊请求涵容时，非语言的述梦就开始了。如果他遇到一个"待命的容器"（也就是说，父母总是记挂着他，并冲到他的床边），可能会促成一段潜在的、终生的伙伴关系。在海法大学，我们调查了90名女性和90名男性关于家庭中梦的分享情况。调查的结果完全支持"哪里有容器，哪里就有述梦"这一概念（Dayan，2010），反之亦然。这首先意味着，涵容的关系会影响我们的记忆和分享的意愿。这项研究还证实了父母应对孩子述梦的能力有多么重要，也证明了在沟通交流中团体的价值。

通过述梦改变关系

　　述梦的超个人社交潜力的另一个作用是将梦视为一种"改变关系"的交流方式。在我们的例子中，梦者影响了听众，触动他们与梦中感受相似的情感位置，这些情感位置可能在意识层面，也可能是无意识的：我们当即分享了他想向母亲展示弹珠的感觉——这种感受涌向我们。梦者向听众展示他的梦，并通过梦所代表的同样的情感运动改变了关系的氛围：他试图通过呈现一些东西来建立一种关系。

述梦是在分析性团体中实现（actualized）和扩充①的。团体与带领者一起创造了一个空间。在这个空间里，梦不是通过诠释而是和团体其他成员来产生共鸣。通过分享团体中自发的个人情感反应，个人、团体的洞察和信息性功能均得到深化——个人的共鸣反映了对隐性内容的（无意识）认同。这种共鸣就像超个人的"X 光"一样在梦者和梦的倾听者之间穿梭。这种述梦的方法能够实现关系转变，因为它创造了"相遇时刻"（Stern et al., 1998），改变了述梦者和听梦者之间的关系，后者也参与了"一起梦到梦"的过程。因此，述梦的共鸣不是简单的情感回响，而是通过超个人再做梦（transpersonal re-dreaming）来进一步阐明和精细加工所讲述的梦。不过，过早的诠释可能会让诠释者脱离梦者和梦。同时，梦对参与者的关系的影响是多层次的，过早地诠释会让诠释者隔绝这种影响。因此，应该允许参与者晚些做出诠释。当梦第一次在团体中被讲述时，为了促进情感上产生有意识和无意识的回响，我通常会要求成员们"试着倾听这个梦，就像这是你自己的梦一样"。试着把你自己的生活经历与它建立联系，暂缓诠释。这种"语言"团体都能学会，进行交流时团体成员与梦者的防御性也会降低。

案例分析（续） 回到我的案例

在这个分析性团体中，几个月前加入的男性参与者马可（39 岁）讲述了他的第一个梦：

> 我想讲述一个大约一年前我在个人治疗中讲过的梦。我端着一
> 盘弹珠走向我的母亲。我想让她看看我的弹珠。她穿着一件优雅的

---

① 扩充（amplified）：通过类比、想象以及相似的情况的交流，以阐明或者丰富原本难以理解或处理的材料。

蓝裙，周围都是朋友，男女都有。她低声对一个男人说了些什么，然后转过身，走开了。我试着跟着她，但被那个男人的脚绊倒了，弹珠散落了一地。那个男人一脚踩在弹珠上，对我说："我们去厕所吧。"

安娜（57岁）：听得我肚子疼。这让我想到了父亲对我的冷酷、贬低的反应。

贝琳达（30岁）：我觉得你母亲和这个人非常亲密。他们俩出卖了你！

治疗师：贝琳达，你这么说是因为你自己的生活经历吗？这个梦触动了你的哪个地方？

贝琳达：我母亲总是认为男人和工作比我们重要。

卡尔（45岁）：对我来说，这个梦里有一些挑逗性的东西。我有点不好意思这么说，但空气里弥漫着下流的性爱的气息。这甚至让我感到害怕：昨天我和妻子还有一些朋友在酒吧，我忍不住一直盯着一个年轻的女孩，她和我的孩子差不多大，我就想和她一起到厕所去。

大卫（62岁）：这个梦让我想起一件事情：我放学回家后，会和母亲一起睡个午觉，直到我10岁或更大。我确信，只要我愿意，妈妈就会一直陪我午睡。

伊莲（42岁）：我感觉很糟糕。（长时间停顿）我会回想起所有我不愿去想的事：我叔叔让我和他一起睡午觉，祖父强迫我坐在他的腿上，我以前的朋友强暴我。我不能再逃避谈论这些事了。

像往常一样，过了一会儿，我问梦者，团体成员的回应有没有让他想到什么。他被从未有过的情感和以前理解不了的洞察深深地打动了。他的个体治疗师试图诠释"弹珠"和"一起去厕所"的意义。但性、征服母亲的愿望、母亲的拒绝和男人的诱惑都没有提及。母亲感觉和他很亲近，但现在他对母子之间的边界到底在哪里感到疑惑。

伊莲：也许她这么做是为了保护你？在家里就没人这样保护我。一些长辈可能会虐待一个女孩，每个人都睁一只眼闭一只眼。

贝琳达跟团体分享说她愿意为一个对她好的男人做任何事情。被需要的感觉是非常重要的。

我问团体：我们的关系是否已经变得如此亲密，以至于隐藏的愿望和担忧威胁到了边界？我们需要更多的安全和保护吗？对这个问题的思考似乎帮助这个团体重新投入工作，成员们交流了以前未表达的想法和感受。这些想法和感受呼应了梦，暗示这位梦者他的过去、现在和未来的关系。由此，我提出，梦者和他的梦，要和改变与团体关系的愿望建立联系。

梦者对涵容的请求和对影响的需求

将这个梦引入超个人矩阵，这个渗透性思维视角可以帮助解锁团体中隐藏的情感信息，同时也可开启许多参与者的修通过程，他们允许自己通过与梦产生共鸣而被触动，就像它是他们自己的梦一样。

过去我常常问自己两个问题，这两个问题超越了信息性的工作，到达了述梦的转变性层面：（1）在团体中梦者提出的对涵容的请求是什么？（2）梦者希望从听众那里获得什么影响，或想产生什么影响？我认为这位梦者是在请求涵容（Friedman，2002）他对拒绝的恐惧，而这是他独自一人无法涵容的。他愿意付出，为了不被排斥而去展示自己的弹珠，经常付出过高的代价才能成为团体的核心，以此来抵御孤独感、自卑感和对被拒绝的恐惧。他无法应对嫉妒和攻击性，请求团体帮助他摆脱加害者／受害者的角色联系。虽然理解弹珠或厕所的意义似乎很重要，但对我来说，意识到团体中由梦所激起的情感运动同样重要。

因此，我开始着手处理这位极度缺乏边界感的梦者所带来的被排斥的恐惧。他有他的防御模式，他引诱团体进入他建立的巨大的亲密关系网。矩阵中这种超个人的情感交通（emotional traffic）[1] 可能在吸引团体成员的同时，又让他们害怕。因为他们无意识地想要再现潜在的梦的模式。梦蕴含着强烈的情感，这种情感或许能够让听众超越意识，甚至行动起来。在我们的这个例子中，参与者感觉他们可能想要排斥、拒绝这个梦者。在梦中请求涵容是述梦的转变性作用的表现。它之所以是转变性的，是因为其他人的精细加工为梦者揭开了更深一层的情感和行为，同时也改变了梦者与听众的关系。那些倾听梦的人被梦唤起了过去那些过度威胁或兴奋的情绪，随后他们分享了这些情绪体验。

被讲述的梦可以拥有过去，表达现在，并创造未来。因此，在述梦后的治疗过程中，治疗师应该时刻关注述梦带来的团体关系的变化。

过了一会儿，这位梦者说，团体对他的梦做出的反应为他打开了一个全新的世界。在这些时刻，这个团体似乎是探索无意识意义及其对人际关系超个人影响的最佳场所。让梦在分析中占有一席之地，贝琳达在两次团体治疗后说，这个梦帮她理解了一件曾让她困惑不解的事——她在求职时需求表达越强烈，人们对她的拒绝就越坚决。

述梦通过超个人的方式促进了"和他人与通过他人"的工作，使信息性

---

① 情感交通：这是福克斯团体分析词语。福克期用这个词来形容个体和群体的差异。"交通"涉及不同的人、不同的目的和不同的路。"情感交通"用来形容团体中的情感动力。

的工作更深入，让情感和关系的转变成为可能。超个人的关联有助于从所讲述的梦中获得个人的洞察，并对其进行涵容；因此，它对梦的信息性作用贡献巨大。

这种先引起情感共鸣再概念化，以精细加工无意识的方法，是不是对自由联想这个观念的挑战？当带领者和环境能更好地涵容和保护团体分析的病人时，他们会感觉更自由。然后，团体成员也可以更加自由地参与述梦。因此，在个人治疗中处理梦不一定是梦者的必然选择，虽然个人治疗的环境通常给人一种可得到更好保护的错觉。团体中，带领者也有可能在回应梦者和团体对涵容和保护的请求（参见 Ullman，1996）时感受到不同的个人情绪反应。在我们的案例中，带领者感受到梦者请求保护的迫切，他在团体中分享了这一点。

塑造性方法

述梦的第三种作用，塑造性方法，来自临床经验。在临床经验中，对梦的诠释会吓到一些梦者，或者说诠释对他们和团体的关系造成伤害而不是带来好处。治疗师应该掌握一些工具，让他们在对那些表达过度威胁和兴奋的情绪的梦进行工作时，能够在探索性和支持性的方法之间作出临床选择。梦者有可能是儿童、精神病患者，也有可能是不成熟的病人。当与这些梦者一起工作时，治疗师可能更愿意采取一种支持性的、非诠释性的方式。如果梦者的自我受损、破碎或发育不完全，治疗师应该首先用支持性干预方法来加强或"塑造"它。支持性干预方法有重述（retelling）（甚至在几个月后）、重复（repeating）、绘画（drawing）和重写（rewriting）梦的显性内容。这类塑造性方法可修复他的"梦的表皮自我"（dream skin-ego, Anzieu, 1993），重组"构成我们的材料"（the stuff we are made on）。与探索性的方法不同的是，治疗师和团体首先应与梦者建立联系，如同陪伴梦者完成梦的叙述（Loden，2003）。这种方法可一步步培养出更有韧性的自我。在对年轻人、边缘型、濒临崩溃的病人的梦进行工作时，塑造性的方法往往收效最好。我们应该如何评估梦以便适当干预？治疗师可以通过评估梦者和梦者自体关系的强度，也可以通过探究梦的内容，来获得一定的安全保障：如果梦的叙述或多或少连贯一致，并有一些人物或行动，就有可能不需要塑造性的方法也能让梦被看见、相遇，然后得到诠释。认真倾听、陪伴梦者和团体度过使他恐惧的时刻，就像穿过黑暗的巷子时握住婴儿的手一样，让强大的"相遇时刻"（Stern et al.，1998）来临，强化治疗效果。有时候，带领者还必须帮助团体跟上梦者的步伐，尽量不作任何诠释。

在与敌人会面时运用团体分析？

我们关于梦的工作，以及对人际病理学或关系障碍的概念化（Friedman，2007，2013）受到超个人性的影响。超个人性的第三个应用领域是冲突对话（或称为"和解"）中的团体。主要包括以下三个领域：第一个领域广为人知，即小团体或中型团体中的决策者之间的谈判。第二个领域为冲突对话，即面临类似情感压力却没有决定权的团体之间，例如"与敌人会面"的智囊团、政治家和民间社会工作者之间的对话。在不同的场景中，包括一些大会和工作组，这样的"相遇"比我们想象的要多得多。以色列人和巴勒斯坦人的团体曾就共同处理水问题或受精神创伤的妇女的心理健康问题进行谈判。这些团体通常都会产生激烈的冲突，甚至当时参与制定奥斯陆协议①的团体也是如此。

冲突对话的第三个领域是冲突中的平民或冲突的各方之间的会面。在对

① 奥斯陆协议：以色列和巴勒斯坦解放组织于 1993 年 8 月 20 日在挪威首都奥斯陆所签署的和平协议。

话的过程中必须不断处理强烈的情绪。如果他们能够一点点改善关系，他们就可以更好地相处。与竞争对手会面、展开对话，可能往往是解决数十年、数百年来敌意和仇恨的最佳的也是唯一的长期解决方案。即使是在领导人之间已签署法律和政治协议的地区，例如北爱尔兰，似乎也有必要对产生敌意的"未竟之事"的情感进行精细加工，以实现和平。

在第三个领域，协议前和协议后的工作必须在不同的设置下进行。通常可以应用大规模设置，可使用小、中、大三种团体的组合。为了使会面具有实质性的意义，各方必须先降低心理防御机制，这个降低防御机制的过程有时是痛苦的。一些国家在战争矩阵中曾使用过这种方式。当受到威胁时，为了减少超个人的影响，人自然倾向于用脱离（disengage）或解离（dissociate）的方式来面对讨厌或害怕的敌人。距离化（distancing）、脱离（disengaging）和解离（dissociating）是对抗关系性的、主体间性的或超个人交流的最强防御措施。这种防御机制可显著减少内疚感、羞耻感和同理心这些抑制攻击性的情感。因此，脱离关系似乎可以让战斗变得更容易；通过对敌人的反认同来征召民众，强化对（战争）矩阵的认同，我称之为士兵矩阵（Friedman，2013）。在会面和谈判中，超个人的参与（transpersonal engagement）一开始总会阻力重重。似乎我们都知道，在战争期间，避免与敌人会面会产生抑制攻击性情绪的免疫力，仇恨和回避会危及严肃的会谈。建立关系似乎使战争难以进行。

在三个场景中，从"逃跑/战斗"位置转移到防御性更低的位置比较困难，但也是可能的。若带领者曾经历过从仇恨到对话的过程，那么在一个保护性的环境中他可以提供所需的支持。

在国际对话倡议（IDI）[6]中，在努力弥合西方和伊斯兰世界的隔阂中我们学到了一些方法。对于我们中的一些人来说，在与巴勒斯坦人的谈判中的个人经历（Friedman，2010，2014）发生了转变。在带领者的示范下，一个不知反思的暴力行为积极参与者，转变为一个愿意忍受"对话立场"带来的痛苦、仇恨、挫折感（和满足感）的人。从一名士兵到同意在白宫草坪上与阿拉法特握手的以色列总理，拉宾[①]这样的示范无疑是许多个体在其发展过程中的一座里程碑，当然我自己也是如此。这种转变的示范镜映[②]了一个潜在的变化。此外，转变还需要各种相遇，即在小团体和大团体的混合设置中将个人身份和大团体身份混合的相遇（Volkan，2006）。

几个月后，我接触到巴勒斯坦人，这是我最痛苦的经历之一。我们花了几个月的时间倾听彼此的痛苦陈述，这让我们在很长一段时间里沉浸在内疚、羞愧和沮丧的情绪中，直到后来，这段关系才有了一些欢乐因素。我们遇到的一些巴勒斯坦专业人士拒绝向我们分担内疚感。就在自杀式炸弹在我们的街道爆炸造成数百人死亡的时候，我们的巴勒斯坦伙伴仍在心里继续进行"对内疚的抗争"。以色列的亚团体必须通过区分真实的和幻想的内疚感来涵容和精细加工这些问题。承受因"背叛"家人和朋友的责难也是极其艰难的，这在与以色列人和后来的巴勒斯坦人的会谈中得到了解决。

在国际对话倡议中，我们努力提高人们对影响政治进程的社会和情感立场的意识；我们认为，跨代传承的影响是不可忽视的，这种影响是通过超个人原则发挥作用的。人与人的情感交流的渗透性使情感、创伤和情感立场的

---

① 伊扎克·拉宾：以色列前总理 1922 年 3 月 1 日生于耶路撒冷，在特拉维夫长大。第二次世界大战时参加盟军在叙利亚的袭击和敌后作战。战后作为以色列军事代表团成员，参加在罗得岛举行的停战谈判。1967 年组织和指挥了六五战争（也称六日战争），取得了"辉煌战绩"，成为以色列的"民族英雄"。拉宾在 1992 年第二次出任以色列总理后积极致力实现中东和平。1993 年 9 月 13 日，巴勒斯坦领导人阿拉法特在美国白官与以色列总理拉宾在签订和平协议后握手致意。

② 镜映（mirroring）：团体成员在有能力整合自体之前，在其他成员身上看见的属于自己的、被排斥和分裂的一面。

跨代传递成为可能。因此，超个人原则影响着针对内疚、仇恨、恐惧、骄傲等情感的工作；而且在感知到威胁时，对这些"突然"消失的情感的工作也会受到影响。在对话和谈判中人们应该用情感来概念化所涉及的巨大能量，谈论的主题也应该从"应该是怎样的"转向"事情本身是怎样的"。

冲突对话的工作不仅要考虑情感，还要了解与敌人对话中更深层次的超个人影响。除了了解矩阵内部动力的重要性，也有必要了解敌我矩阵是如何无意识地相互影响的，就像关联的有机体以可渗透的超个人方式相互影响一样。在这一过程中，梦起到了很大的作用。梦是智慧的，梦通过揭露我想要否认的"非我"的积极一面来认清个人和社会现实。

在以色列和哈马斯的冲突中（2014年8月），我必须非常努力才能保持积极的"思考"能力——与我的许多同胞的经历不同，他们完全认同政府的活动。我不断思考以下问题，比如哈马斯"真正"想要的是什么，在火箭弹的威胁下有什么替代方案，等等。我试图与以色列的主流观点保持距离。我认为，与自己的大团体身份保持距离是一个重要的个体化过程，在与敌人的会面中是必要的。例如，为了与邻国真诚谈判。这样的分离可以通过参与大团体来实现，以应对湮灭焦虑①和固有的对抗个体化的其他防御机制。

但在与立场对立且有负面情感的人进行艰难会面的前一天晚上，我做了一个梦：我在长长的战壕里与年轻士兵一起战斗。他们排成长队在战壕中奔跑，射击和瞄准的姿势与我学过的完全不同。我担心自己落伍，又害怕摔倒打乱整个进攻。醒来时我浑身是汗，焦虑不安。

虽然对这个梦有很多合理的解释，但我突然发现，这个梦代表我对士兵

---

① 湮灭焦虑：赫维奇将湮灭焦虑定义为个体因生存受到威胁而可能导致的对精神或者肉体毁灭的恐惧。后来的心理学家将这个概念拓展为因团体的生存危机而长期处于失去个体自我或社会我的恐惧中。

矩阵的重新认同。战争的威胁征召社会上的每一个人：男人和女人，无论老少。

注　释

1. 本章内容曾以《在述梦与冲突中的运用超个人性》为题在《团体分析》期刊上发表：Friedman, R.（2015）Using the Transpersonal in Dream-telling and Conflict. Group Analysis 48（1），1-16。

2. 基于 2011 年伦敦研讨会上的一次演讲："团体分析的新发展"（New Developments in Group Analysis）。

3. 夜视仪。

4. 拉斐尔森（Raphaelson）认为，投射性认同是团体中"最重要的交流工具"之一。

5. 对多个家庭的研究表明，与可以涵容的伙伴一起长大易产生做梦和述梦的潜力。早期的述梦、与伙伴精细加工的经历，不管好坏，都会影响日后对梦的处理（Dayan，2010）。

6. 国际对话倡议（International Dialog Initiative），是致力调查和解决冲突的一个组织，尤其是西方和伊斯兰世界之间的交锋（参见 www.internationaldialoginitiative.com）。

参考文献

Amihai, Y. (1986) *Love Poems* (A Bilingual Edition, pp. 77–78). Tel Aviv: Schocken.

Anzieu, D. (1993) The Film of the Dream. In S. Flanders (Ed.), *The Dream Discourse Today* (pp. 137–150). London and New York: Routledge.

Artemidorus Daldianus (1975) *Oneirocritica: The Interpretation of Dreams*. Translated and commented by R. J. White. Park Ridge, NJ: Noyes Press. Original Books.

Bion, W. R. (1962) *Learning From Experience*. London: Heinemann.

Bion, W. R. (1992) *Cogitations*. London: Karnac.

Dayan, D. (2010) *Relationship Between Interfamily Childhood Dream Telling Patterns and of Adulthood Dream Telling Patterns*. Unpublished Master Thesis, Haifa University, Haifa.

Foulkes, S. H. (1954) Group Processes and the Individual in the Therapeutic Group. In S. H. Foulkes (Ed.), 1964. *Therapeutic Group Analysis* (p. 180). Originally in *British Journal of Medical Psychology*, 34: 23–31.

Foulkes, S. H. (1966) Some Basic Concepts in Group Psychotherapy. In E. Foulkes (Ed.), *Selected Papers* (pp. 155–158). London: Karnac.

Foulkes, S. H. (1973) The Group as Matrix of the Individual's Mental Life. In E. Foulkes (Ed.), *Selected Papers* (pp. 223–234). London: Karnac.

Foulkes, S. H. (1975) *Group Analytic Psychotherapy: Method and Principles*. London: Gordon and Breach. Reprinted London: Maresfield, Karnac, 1986.

Foulkes, S. H. and Anthony, J. (1957) *Group Psychotherapy: The Psychoanalytic Approach*. London: Penguin, Harmondsworth. Reprinted London: Maresfield, Karnac Books, 1989.

Freud, S. (1900) *The Interpretation of Dreams* (Standard Edition 4–5). London: Hogarth Press.

Friedman, R. (2002) Dream-Telling as a Request for Containment in Group Therapy – The Royal Road Through the Other. In M. Pines, C. Neri and R. Friedman (Eds.), *Dreams in Group Psychotherapy* (pp. 46–67). London: Jessica Kingsley Publishers.

Friedman, R. (2006) Who Contains the Group and Who Is the Leader? A Relational Disorders Perspective. *European Journal of Psychotherapy* (EJPCH Group Edition), 8(1): 21–32.

Friedman, R. (2007) Where to Look? Supervising Group Analysis – A Relations Disorder Perspective. *Group Analysis,* 40(2): 251–268.

Friedman, R. (2010) The Group and the Individual in Conflict and War. *Group Analysis*, 43(3): 281–300.

Friedman, R. (2012) Dreams and Dreamtelling: A Group Approach. In J. L. Kleinberg (Ed.), *The Wiley-Blackwell Handbook of Group Psychotherapy* (First Edition, pp. 479–499). Chichester: John Wiley and Sons, 2011.

Friedman, R. (2013) Individual or Group Therapy? Indications for Optimal Therapy. *Group Analysis*, 46: 164–170.

Friedman, R. (2014) Group Analysis Today – Developments in Intersubjectivity. *Group Analysis*, 47(3): 194–200.

Loden, S. (2003) The Fate of the Dream in Contemporary Psychoanalysis. *Journal of the American Psychoanalytic Association* (JAPA), 51(1): 43–70.

Mitchell, S. A. (1988) *Relational Concepts in Psychoanalysis*. Cambridge and London: Harvard University Press.

Nitzgen, D. (2010) Hidden Legacies. S. H. Foulkes, Kurt Goldstein and Ernst Cassirer. *Group Analysis*, 43(3): 354–371.

Ogden, T. H. (1996) Reconsidering Three Aspects of Psychoanalytic Technique. *International Journal of Psychoanalysis*, 77(5): 883–900.

Rafaelsen, L. (1996) Projections, Where Do They Go? *Group Analysis*, 29(2): 143–158.

Redl, F. (1942) Group Emotion and Leadership. *Psychiatry*, 5: 573–596.

Segal, H. (1993) The Function of Dreams. In S. Flanders (Ed.), *The Dream Discourse Today*. London: Routledge.

Stern, N. D., Sander, L.W., Nahum, P., Harrison, A.M., Lyons-Ruth, K., Morgan, A.C., et al. (1998) Non-Interpretive Mechanisms in Psychoanalytic Therapy: The "Something More" Than Interpretation. *International Journal of Psycho-Analysis*, 79: 903–921.

Ullman, M. (1996) *Appreciating Dreams: A Group Approach*. London: Sage.

Volkan, V. D. (2006) *Killing in the Name of Identity: A Study of Bloody Conflicts*. Charlottesville, VA: Pitchstone Publishing.

Winnicott, D.W. (1965) Ego Distortion in Terms of True and False Self. In *The Maturational Process and the Facilitating Environment: Studies in the Theory of Emotional Development* (pp. 140–152). New York: International UP Inc.

Winnicott, D.W. (1971) *Playing and Reality*. London: Tavistock.

Who is sick?
About pathology in relations

第二部分

谁生病了？
关系中的病理学

PART TWO

导读

关系障碍

    团体治疗的工作经历影响了我对病理学的看法。在我工作几年后，我与同事们分享了我的感受——经典的个人心理病理学往往不足以真正理解在不同情况下表现出来的心理障碍。多年以后，作为以色列理工大学咨询中心的主任，我看到每年都有数百名新病人需要转介到不同的治疗机构；很明显，心理治疗缺乏一个合理的适应征系统。我们现有的适应征系统建立在同情与情感的基础上，希望个体治疗的二元设置可以涵容和精细加工所有的问题。至于哪些人可通过伴侣治疗（couple therapy）或在团体中得到更好的治疗，并没有明确的指导方针。我对这个问题的部分回答可参见我对"关系病理学"的定义（它也涉及环境和背景）。

    福克斯（Foulkes, 1964）创立了一套团体分析方法，并研究了战争压力给士兵带来的病症。他认为病症定位不在个人而在病理性的关系中。按照他的思路，"关系可以使人生病，关系也可以治愈病症"。病症不仅存在于个人身上，也存在于病理性的关系中；健康的关系可以治愈那些被认为有功能障碍的人。这些观点在我的团体治疗的经验中已得到证实。

    教养、教育以及"天生"的品质共同塑造了我们的心理。但除此之外，关系和社会环境也可能是一个人的病症（或健康）的主要共同创造者。接下来的章节中，我将着重阐述精神分析和团体分析病理学理论在关系层面的发展。

为了建立一个适应征系统，我将借用伊冯娜·阿加扎里安（Yvonne Agazarian, 1994）关于团体发展阶段的研究，以对我提出的四种关系障碍做出首次概念化。我对她的研究结果的解读是，团体成长四个发展阶段中的每一个阶段的固着都可能导致关系病症。克服固着，可以得到更健康、更有效的功能。我把她比昂式的思想从发展阶段转译为潜在的关系病理学；把个体的困难，例如替罪羊，转化为人际关系中的交互性困难。

在使用我的"四种关系障碍"理论作为适应征系统的准则后，我清楚地意识到，这个理论也有助于理解团体的动力，帮我做出更有效的干预。我重点关注团体治疗过程中的关系病症。把"障碍"看作"无法涵容"强／弱、攻击性、致病性的过度身份认同或长期中心化或边缘化的结果，为我提供了新的视角。障碍形成过程中的所有"伙伴"被召集起来，为治愈困难的情感问题而共同努力。

近年来，在四种关系障碍理论的基础上，我又有了两个进展。我建议更多使用这个模型来描述病理性症状，以发现更多的关系障碍。因此，雅尔·多伦（Yael Doron）将团体中的恋情称为关系障碍；克里斯托夫·塞德勒（Christoph Seidler）描述了与权威的关系引起的病症，提出了第五种关系障碍，这是第一个专为与治疗师（作为领导者和权威）关系的病理学问题所定义的关系障碍。

参考文献

Agazarian, Y. (1994) The Phases of Group Development and the Systems-centred Group. In M. Pines and V. Schermer (Eds.), Ring of Fire. London: Routledge.

Foulkes, S. H. (1964) Therapeutic Group Analysis. London: Allen and Unwin.

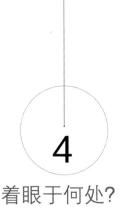

4

着眼于何处?

团体分析督导: 以关系障碍为视角[1]

> 督导的主要目的是阐明治疗关系, 提升被督导者作为治疗师
> 的技能是次要目的。

——哈罗德·贝尔和莉赛尔·赫斯特[①]

(Behr and Hearst, 2005: 238)

如果不从一个较复杂的关系视角来看, 治疗师就无法把团体的全部潜力激发出来。福克斯认为, 治疗师在诠释前需要关注一个重要的领域, 那就是正在进行的团体过程中的互动和个人在团体情境下反复发生的冲突(Foulkes, 1975: 124)。如果治疗师意识不到团体是一个受关系影响的场域, 那么他可能会因自己的反移情和由此进行的干预而陷入困难境地。

督导必须促进治疗师提升对关系的观察能力——他必须学会在各种情绪

---

① *Group-Analytic Psychotherapy: A Meeting of Minds*（2005）一书作者。该书中文版为《心理动力学团体分析——心灵的相聚》（武春艳、徐旭东、李苏霓译），中国轻工业出版社，2017 年。

交织的团体内寻找切入点。对我来说，督导意味着精细加工，或帮助治疗师精细加工那些难以处理的情感材料，去"思考想法"（think the thought）（Bion，1992）。换句话说，被督导者、督导师和督导团体共同创造了一个空间，在这个空间中每个人的涵容能力都能得到体现。这种伙伴关系通过复杂的过程发挥作用。例如，它可能使用一个结构化程度较高的或包含某些准则的模式，甚至一个完全无结构的心理模式。我们可以这样描述，这些模式位于同一个"连续体"中，每个模式各有优缺点，与不同的人格、专业和个人发展阶段等相关。比昂描述了在精神分析治疗会面期间治疗师与病人完完全全敞开心扉的相遇的情景，治疗师有"遗忘的能力、回避欲望和理解他人的能力"（Bion，1970: 51）。无结构的方法可能会引出并精细加工意识边缘的情感过程。结构化程度高的督导方法可能会指导治疗师采用恰当的视角、注意事项和干预方法。我相信，正是结构化和无结构方法不断整合的过程，帮助我们提升了作为治疗师的能力。本文乃对团体治疗中的病理问题和相应的干预方法、对督导可能传递给团体治疗师的指导方针进行再思考的结果。

福克斯和他的追随者致力从以内在心理视角为中心的、个体的二元治疗，转向以多人的、主体间性空间视角的团体分析治疗。督导师和带领者都必须把握好传统精神分析带给团体分析的积极和消极两方面的影响。

关系性疗法

"主体间性"的假定是，最小团体的二元结构是不可分割的——我们不能孤立看待病人或治疗师。"同样，我们也不能把团体带领者与他的团体分开。"（Grotstein, 2003: 13）每个有密切接触的人都会进入情感场域，并且（无意识地和有意识地）相互影响。这也可能意味着一个（人与人之间的）"特征，像一个假设，由互相连接的客体通过主体间性共同创造、维持和修通"（Billow，

2003: 40）。

关系障碍疗法的纳入，促生了病理学的一种新观点。这种观点使个体治疗和人际治疗更恰当、更成熟。把注意力从个人转移到关系模式上，是新手团体治疗师要做到的。当治疗师的视角转到"客体关联"（Winnicott, 1969）上时，相关的干预方法就随之而来。客体关联（object-relating）和客体使用（object-use）是团体分析的主题，虽然在理论层面被接受，但带领者往往习惯性地关注个体的问题，把个体当作一个封闭的系统来看待。而矩阵这一概念的基础则是整个交流网络，并运用了人与人之间的"相遇时刻"（Stern et al., 1998），如共鸣、镜映和交流（Zinkin, 1993）。

治疗师会自然倾向于"退行"到只治疗个体成员。但他们的经验是，如果没有考虑语境，针对个体的诠释往往无效。这是非常有道理的：个体的变化通常"屈服"于强大的关系模式。这些人际关系模式可能是普遍的、社会的，或文化固有的，有时是投射性认同的结果（Rafaelsen, 1996）。但无论怎样，它都可能让我们回到弗洛伊德（Freud, 1912）将移情视为一种关系发展过程这个概念。

关注个体的倾向

为什么解决个体病理的这种倾向如此强？我在与治疗师的对话中发现，其中一个原因是，个体仍然被自动认为是团体中主要的内聚性实体（primary cohesive entity），而个体心理"内部团体"的关系和个体外部的关系较难被识别。此外，大学保守的教育教给我们的也是个体疾病分类学（individual nosology）（美国精神病学协会，《精神疾病诊断和统计手册》，1994 年）。由于大多数团体带领者也是个体治疗师，我们发现面临压力惯性的个人内部动力更容易被发现并得到解决（有意识的和无意识的）。

倾向于解决个人病理问题的另一个原因是，我们在童年早期便不再把自己的疾病和痛苦归咎于他人，而是习惯接受个体的医疗诊治；最后，形成了一种社会层面的根深蒂固的无意识愿望：避免为他人的痛苦和病症负责，尤其是在社会领域中。有趣的是，福克斯呼吁我们关注，无意识的内疚（和羞耻？）是治疗师偏爱以个体为中心的病理学的隐藏动机（Foulkes, 1975: 65）。

聚焦于何处?

人们花了很长时间才接受移情的存在，并将其进一步理解为容器和被涵容者的主体间关系（Bion, 1970），突显了在病理学领域建立关系性理解是如何困难的事实。从原则上来看，福克斯（Foulkes, 1975）试图将团体分析发展为一种以关系为中心的疗法。在我看来，他从一开始就强调一种交互的关系视角，他说："你应该把神经症障碍当作人际关系的障碍"（Foulkes, 1975：65，着重号为本人所加）；"用传统的诊断标签来谈论个人，并用这些术语来回答适应征和禁忌征的问题，并不会带来什么帮助"（Foulkes, 1975：66）。

对照他自己的治疗方法，福克斯的操作指南聚焦于建立一种普遍的分析态度，而不是定义关系的焦点，更不是团体带领者的解释。分析态度的重点在于"不做什么"而不是"做什么"。带领者的心理设置应该是非指导性的、非操纵性的、非中心性的，他不应该把自己看作唯一的甚至最重要的移情角色（Foulkes, 1975: 99-155）。同样地，带领者不应该"冒进地"解释，而是要等待团体的成熟，等待那些能让分析性团体治疗成为一个安全、稳定、适宜成长的独特场域的各种原则的出现。在这个过程中，分析是主要任务。福克斯认为："分析师的全部工作就是分析……建立和维持团体分析情境的过程……将意义从无意识的交流形式翻译[①]为可以意识到的言语形式。"(Foulkes，1975: 129）在他看来，"……重要的是分析……而不是快速诠释，因为'诠释出现于分析失败时'（Foulkes，1975: 117，有着重号的文字原文为斜体）。但是，我们作诠释时应该着眼于何处？是个体还是团体整体（group-as-a-whole）？

团体带领者的关注点在团体分析过程中至关重要，因此我们必须重新思考这一问题。知道什么时候该关注个体，什么时候该关注团体，并不容易做到。团体分析就是将团体作为一个图形－背景[②]系统，由独白（monologue）、对话（dialogue）、话语（discourse）等不断变化的构型组成（Schlapobersky，1993），这就是我们可以使用的一个有效的工作模型。此外，当受训者在团体中感觉自己的注意力从一个互动被迫跳到另一个互动时，这个模型能够帮助他找到一个稳定的锚点。"最后，实习治疗师通常会意识到，'足够好'的治疗并不取决于知道发生了什么，而是取决于能够维持设置，把自己作为一个涵容性的存在，促进团体中所有人（包括带领者）的开放交流；同时保护团体，避免它的可预测性和安全性受到冲击。"（Behr, 1995: 12）我们要明白，除了希望了解"发生了什么"，带领者还要促进交流与在场、维持设置并涵容攻击性，尤其是在团体中的（病理性）关系领域。

---

① 翻译：团体分析中翻译的定义请参考本书第 4 页注释。
② 图形－背景：图形－背景理论最初由丹麦心理学家埃德加·鲁宾（Edgar Rubin）提出，后来被格式塔心理学家借鉴，用来对知觉进行研究。他们认为，知觉场总是被分成图形和背景两部分。图形是看上去有完整结构的首先引起被知觉者注意的那一部分，而背景则是与图形相对的、细节模糊的、未分化的部分。人们在观看某一客体时，总是在未分化的背景中看到图形。后来这个概念被斯拉普波斯基（Schlapobersky）运用在团体治疗中，表明其关注点不再是某一客体，而是整个团体。

定义关系病理的一些尝试

在心理治疗这个年轻的学科中，对关系病理学的关注不是近期才开始的。在 20 世纪，布鲁勒（Bleuler，1972）描述了一种人际的病理关系，即"二联性精神病"①，一种具有传染性的在夫妻之间传播的病症。新的精神病学分类将这种综合征称为诱发性妄想症（induced delusional disorder）（第四版《精神疾病诊断与统计手册》DSM-IV）或共享型精神障碍（shared psychotic disorder）（第十版《疾病与相关健康问题的国际统计分类》ICD-10，美国精神病学协会，1994）。这种定义的细微变化表明了治疗方式的差异。

有趣的是，在心理治疗领域，除接触二元结构疗法之外，其他疗法的专家对关系层面的关注和贡献寥寥可数。伯尔尼（Berne，1964）和米纽庆（Minuchin，1974）的贡献尤为显著。

比昂试图对涵容过程进行细分，他简要描述了涵容过程的不同性质和涵容对象的不同动机，这些差异形成了不同的关系类型。通过对容器 / 被涵容模型进行分类，比昂（Bion，1970）提出了区分病理的第一个尝试。容器和被涵容者之间的关系可以是健康的关系〔共栖的（commensal）〕，也可以是退行连接（regressive-linking）的关系〔共生的（symbiotic）〕或破坏性的关系

---

① 二联性精神病（法文：folie à deux）：直译为"二人共享的疯狂"，形容一个有精神病症状的人，将妄想的信念传递给另一个人。同样的症状可传至三人、四人甚至更多。虽然研究文献主要使用原来的名称，但参考 2009 年版的《精神疾病诊断与统计手册》，这个疾病的名称是共享型精神障碍（DSM-IV）（297.3），2010 年版的《疾病与相关健康问题国际统计分类》名称则是诱发型妄想障碍（ICD-10）（F.24）。至 2014 年，DSM IV 和 ICD-10-CM 统一名称为共享型精神障碍（shared psychotic disorder）。这一类疾病最早出现在 19 世纪的法国，概念来自查尔斯·拉塞格和约翰·皮埃尔·费里特，因此也被称为拉塞格-费里特综合征。

〔寄生的（parasitic）〕[①]。布洛（Billow，2003，2004）对比昂这三个类别的涵容重新进行了表述，并把它们翻译为"象征的"（symbolic）、"联结的"（bonding）和"敌对连接的"（antilinking）。共栖是一种"好母亲"般的关系，这是交互的主体间涵容关系，是足够好的、成熟的关系。在共栖关系中，象征性的活动得以达成。而在共生的连接中，容器/涵容的关系容易出现更多的退行性联结（regressive bonding）。与一个破坏性的"寄生体"的（无意识的）敌对连接则可能导致恐怖关系（terrorist relating）和客体使用（Winnicott，1969）。

"精神分析的问题是成长的问题，这个问题最终可在容器和被涵容者之间的和谐关系里得到解决，在个体、伴侣和团体（内在和外在的心理）中屡见不鲜。"（Bion, 1970: 15-16）与其说是反复出现，不如说在每一个人际语境中，个体都可以获得成长特质。个体关系发展会经历不同的阶段：最初的二元结构（the primal dyad）、配对关系（pair）、三角关系（triangle）、小团体和大团体（small group and large group），这几个阶段都会促成个体社会性的成熟。派珀和麦卡勒姆（Piper and McCallum，1994）定义了"客体关系

---

① 共栖关系是一种"两个客体共享第三方，这种共享对三方都有助益"的关系（Bion，1970：95）。第三方指的是参与者创造和分享的"分析性的第三方"（analytic third）（Ogden，1994）。例如，"第三方可以是涵容者和被涵容者的文化基础"（Bion，1970：95）。在共栖关系中，对话过程的情感关系是双方都感兴趣的主体。情感能够为双方提供信息，情感的功能由此受到重视。参与者努力用话语来涵容和交流情感，这样参与者就可以思考并共享这些话语。
　　共生关系指的是"一方依靠另一方来使彼此获益"（Bion，1970：95）。在这种关系中，当一方以投射性认同的方式与另一方交流时，另一方作为容器能够将投射性认同转变为对双方都有益的新意义。
　　在寄生关系中，"一方依靠另一方来产生第三方，这个第三方对三方都具有破坏性"（Bion，1970：95）。在这种情况下，投射性认同对于容器来说是爆炸性和破坏性的。当寄生动力占优势时，容器-被涵容者的结构代表一种敌对和破坏性的过程，两者之间的通道被严重堵塞。

质量"（object relations quality）的五个层次^①，这或许有助于我们探究关系的成长和发展。我们也可以把客体关系质量的五个层次作为精神障碍分类或社会成熟程度（非详尽的）的衡量指标。人际关系的成熟度取决于关系，因为即使是"成熟的"的人也会或显性或隐性地退行到完全的二元结构的幻想和关系中。随后，严重的危机一旦过去就可以发展出更成熟的关系。个体治疗的许多隐藏优势和动力就建立在这些关键的初始内容中，在选择团体治疗的适应征和成员时也必须考量这些内容。

关系障碍的类别

以下关系病理学的概要，可以作为个体精神疾病常用疗法的补充。阿加扎里安（Agazarian，1994）研究了涵容角色，他认为涵容角色与团体内部关系的各发展阶段相关。该概念主要描述了冲突抱持者因自己的涵容角色把冲突"揽在自己身上"来精细加工人际情绪困难的过程。我将这些涵容角色扩展到每一个参加者身上，他们都或多或少对情绪困难"涵容不良"（mis-containment）。这种涵容不良是导致关系障碍的主要原因。

有四种主要的情绪困难可能无法被群体涵容：（1）弱/强（weakness/strength）；（2）攻击性（aggression）；（3）认同/个体化（identification/individuation）；（4）融入/排斥（inclusion^②/exclusion）。每个人都无意识地"知道"极度软弱或强大、攻击性和被排斥的感觉，这些都是人际关系病症的特有类别，它们只能作为互补的情感运动和主体间性功能而存在。因此，关系障碍是病理学的集群类别（clustered categories），有别于通常个体视角

---

① 参考第五章尾注 2 "客体关系质量"。

② "inclusion"在本书中可能表达团体对个体的接纳，也可能表达个体对团体的融入。基于不同主体来描述同一个情境，在表达前者时译为"接纳"，表达后者时译为"融入"。

下的疾病。对关系障碍这个概念的理解有助于团体治疗师更加深入地理解治疗过程，从而在团体分析中进行有效干预，收到更好的疗效；它们还可以指引治疗师对治疗环境做出最佳选择并对团体分析予以更好的督导。

1. 缺陷关系障碍

这是一种在强、弱个体的交流中强迫性使用主观疾病和痛苦的关系类别。强大的和软弱的个体在团体或亚团体中围绕痛苦进行互动。因为团体难以涵容软弱和力量，使隐性或显性的交流处于分裂状态。因此，软弱和力量被投射到部分客体关系中，使关系中的弱者更弱、强者更强。在这种障碍中，对痛苦的人的（无意识的）内疚感让成员扮演包容的角色。一方面，这种障碍促进团体的互动；另一方面，它不断加速团体的分裂，使团体生成一种以疾病和软弱为基础的关系，而不是呈现健康和力量。这种人际关系病理学症状，通常出现在缺陷关系障碍中遭受痛苦的一方，我们把他称为"认定的病人"[①]（Minuclin，1974）。这个"认定的病人"也可指家庭关系中患病的成员，是投射和认同机制引发了他们的各种精神疾病。缺陷关系障碍描述了一种较普遍的人际关系困难，即难以涵容软弱、痛苦和儿童式的依赖或/和力量。缺陷关系障碍建立了关系中的两个空间：一个是如果感到软弱，就不能感到安全，而不得不投射软弱；另一个则只有通过表现出缺陷并将力量投射给他人，才能感到安全。

[①] 认定的病人（Identified Patient）：有些功能失调的家庭为了保持平衡，转移矛盾和冲突，会在潜意识中或无意识地"选择"一位家庭成员，将其分离出来，作为家庭困扰的承担者。这位"认定的病人"会将家庭的内在矛盾表现出来，是家庭功能失调的表征者。

2. 拒绝关系障碍

如果团体无法涵容攻击性，可能会形成"找替罪羊"[①]的环境。这种疾病的根源是一种强烈的敌意，不管是有意识的还是无意识的，这种敌意针对的是社会中偏离常规的、通常是软弱的成员。被置换[②]的仇恨、暴力的拒绝和驱逐，这些病理性互动创造了这种社群氛围，引发了团体对弱势方的排斥。团体拒绝受困的、软弱的成员，对他进行无情的攻击性驱逐，阻止他进入安全空间，由此团体获得幻想的安全空间（Friedman, 2004, 2006; Kotani, 2004）。在这种关系障碍中，对痛苦的人的（无意识的）内疚感让成员充当了排斥者。

3. 无私关系障碍

忠诚于团体的社会成员，通常无法涵容分离。当社会需要有人做出牺牲时，他将被迫做出无私的行为。这种过度认同的结果可能是英雄主义或自我阉割。利用权力和教育宣扬无私精神，自私地利用他人，必然伴随着社会和个人无法涵容分离和自主的过程。如果个体没有属于自己的发展安全空间，那么当他受到理想化或施虐型社会鼓励时，他就可能有身体和精神上的殉道行为。过度依赖和过度使用暴力的倾向均属有害的模式，这些模式将使整个社群受到危害。

4. 排斥关系障碍

一个社群用分裂、投射和排泄[③]应对社会性的失败和失望的方式越多，就

---

① 找替罪羊（scapegoating）：是一种社会性惩罚的形式，指的是将过错归咎于替罪羊，并由此苛待或排挤他。在团体分析中，找替罪羊是指出被团体憎恨的成员并拒绝他或将其逐出团体的行为。

② 置换（displace, displacement）：置换是一种无意识的防御机制，指某人因某一客体或情境产生的情绪（通常是负面的）转向了另一个人或客体。

③ 排泄（evacuation）：又译为发泄、排空。这是克莱恩的概念，与投射性认同类似。

越会排斥边缘成员，制造越来越多的"局外人"。无法涵容社会上能力较弱和被剥夺能力的成员，意味着他们和亚团体将被边缘化。社会的安全中心是多数人的安全领域，而其他人会被孤立，这种现象长期存在。在这种关系障碍中，通过孤立那些人，团体为多数群体（有时是少数群体）或"正常"的成员建立起一个安全空间。这种关系障碍的特点不是主动拒绝而是排斥"局外人"。排斥者和社会弱者之间的相互关系通过主体间性来维持，并导致团体没有效率，引发被边缘化成员的痛苦、激活其强大的被动攻击部分。我们的许多病人似乎饱受这种关系障碍的困扰。

关系障碍与督导

每一种关系障碍都是所有参与者（包括带领者）相互作用的结果。在一个小团体中，只要有一个参与者不参与病理性互动，这种互动就会停止。在每种关系障碍中，带领者与"涵容角色"及团体的（无意识的）互动对督导过程是有意义的。在包括带领者在内的所有参与者的主体间性影响下，带领者可推动关系障碍的形成，也可使关系障碍得以疗愈。在缺陷关系这种障碍中，因为带领者"治疗"弱者和病人，他很容易受到诱惑而无意识地通过治疗性互动强化强/弱的关系。在拒绝关系障碍中，则可能出现将攻击性置换到替罪羊身上的团体互动，督导师必须帮助治疗师关注这一点。无私关系障碍中的"英雄"唤起他人的强化行为，使英雄这一社会角色吸引力增强。其结果是过度认同，使个体更加难以从无私的生活中脱离出来。此外，排斥关系障碍常见的例子是，带领者要克制自己不去放任团体成员或其所属的亚团体被边缘化。尽管带领者希望不伤害任何人，但俄狄浦斯情结可能会驱使他边缘化他人，从而抬高核心参与者（包括团体治疗师）的社会地位。这种无意识形成和维持关系障碍的动机，通常只有通过督导才能解决。

示 例

通过对人际病理学的觉察和深刻理解，治疗师可以研判出关系性的干预方法。治疗师必须具备应对主体间模式的能力，这些模式不一定是团体整体的也不一定是个体的。在特定参与者和团体的互动中，对关系的关注可以作为团体分析的补充，这意味着亚团体可能是病症的载体和位置（loci）所在。对关系障碍的认识也有助于创造更多的方法来改变这种模式。这些都需要督导的支持，否则很难关注到关系。

据我所知，所有团体中都有关系障碍缺陷的案例，这种关系使"某人是有缺陷的和更低劣的"更加凸显，而有些人通过照顾弱者和那些需要情感支持者来满足自己的强大感和优越感。如果这种关系变成强迫性的，那么这个团体就在"利用"这种关系来分裂困难情绪。如果某个人在团体中强迫性地展现出软弱和缺陷，团体对此持续给予回应，这种病理性的关系模式就会得到强化。一方是软弱和疾病，另一方是力量和健康，这种关系有趣且复杂。通常，若一个团体足够健康，便足以抵挡新成员的焦虑、抑郁等情绪对其空间的入侵。有时，出于内疚或同理心，团体也可能心甘情愿地接受强迫性的自卑和无价值感。同时，一些成员难以忍受这种氛围，他们不断用分裂缺陷感受来应对这种压力。这些感觉被投射到弱者身上，弱者也习惯于认同被投射的软弱，变得关爱需求得不到满足，备受折磨：为了让团体成员从软弱中找到安全感，软弱被投射到那些习惯于只有软弱才有安全感的个体身上。

从关系的角度而非个体的角度来处理这种模式，通常更有帮助。与任何想要终止痛苦的个人动机相比，在团体中与其他成员互动的社会性收获要大得多。无疑人是社会性的，其最基本的关系需求不应被置于危险之中。当人们以不同的方式建立关系时，他们承担的角色不同。不同角色对依恋有不同的要求。以另一种方式获得能力或经验可能会唤起可怕的焦虑，给人带来不安全感。相反，他们会无意识地觉得，在与需要关爱的人的互动中获得"良好的感觉"，可使自己远离软弱和焦虑，可能比将之转变为健康的关系更有益。而关系疗法则挑战了缺陷者和健康者之间这种无意识的共识。人们因害怕而常常否认（disavowal）自己的软弱，一些所谓"偏离常规"的个体无意识中一直当病人的想法也需要得到诠释。

案例分析

一位抑郁情绪严重的女性加入一个分析性团体，这个团体对她非常同情。这种同情模式在几个月内持续固化——这位抑郁的女性在个体治疗和生活中经历了多年的角色强化。一些团体成员对她的软弱和她对安慰的需要感到不适。治疗师利用这一点，帮助她和团体形成了一种与以往不同的关系，在这段新的关系中双方都有收获。

团体围绕"替罪羊"形成某种特定的关系，是拒绝关系障碍的一个绝佳范例。请看下面这个例子。

在对 M 先生的理想化想象持续了一段时间之后，团体对他越来越失望。M 先生年轻气盛，职场得意，从前大家也认为他是一个相当有趣的人。随着失望的增加，团体的不满情绪就越强烈。其中一个亚团体认为 M 先生只是在戏弄团体，他的虚假自体似乎触发了团体的全面阻抗。他不再被信任，团体认为，他纵然能力出众，却不能确定他会用这种能力来支持你还是对付你。团体开始以粗暴的方式释放强烈的紧张情绪，因为团体在涵容混乱的内在情感关系上出现了困难。曾经，M先生在团体中备受赞赏，但现在，多数参与者希望把这个"伪装者"驱逐出去。他们好像很憎恨M先生，而M先生面对被拒绝和孤立却产生了强烈的被爱和被接受的需要。当然这些需求被认为是虚假的、不值得相信的，反而使团体对他的拒绝更坚决。在某些时刻，团体似乎只有将愤怒情绪置换到这个替罪羊身上，并且攻击他，才能建立一个安全的空间，而替罪羊往往也认为自己完全无能。

在督导过程中，督导师观察到了反移情反应，并提醒带领者——因为带领者有可能利用寻找替罪羊来避免自己成为被攻击的目标。

在个体治疗中，具有威胁性的攻击性常常从治疗师身上被置换到治疗室外的他人或父母身上；与之不同，在团体治疗中，攻击性常被置换到较弱的参与者身上。团体带领者可从破坏性互动中获益，他在团体中地位特殊，因此成为排斥关系障碍发展过程中的重要参与者。对于团体的拒绝行为，带领者若仅仅诠释个体的潜在动机，还不如采取有效的关系性疗法——让关系中的所有人都试着提升自己的觉察意识，提高对他人的涵容度。对于团体中的暴力倾向，以及一些参与者因难以涵容情绪张力和恐惧而转为攻击性行为的情况，团体要进行交流。与此同时，我们还需要调查替罪羊自身被拒绝的动因。这样一来，在这个团体中，针对出于防御性目的将恐惧置换为攻击性行为的人际过程以及由此产生的破坏性互动，我们进行了有效的治疗工作。

无私关系障碍

所有的关系障碍都有性别差异，在无私关系障碍中性别差异尤为显著。尽管无论男女，无私都意味着为他人服务，但无私行为的表现形式却是多种多样的。同一个无私行为在女性看来是"好事"，而在男性看来则是破坏行为，甚至"坏事"。有些时候，被称为"无私的'坏女人'"（the selfless "bitch"）（Friedman, 2005）是无私关系障碍的典型。这种关系常发生在需要关爱的亚团体和只想为别人"做好事"的女性之间。无私关系障碍的病理就是这种交互模式的强迫性重复。这个女人无法让团体注意到她痛苦的自我，其他参与者也不需要给她某种关注。这个团体在利用她，而她也渴望被"利用"。自私和无私均表现为自我协调①情感。这是关系障碍者共有的情感特征，可以理解为对奉献和索取模式的（过度）认同。这个女人在团体中的行为和她在现实中的行为一样——她为每个人操心，把所有人都放在心上。她对每次会面发生的事情感兴趣，好心给别人提建议，为了"他人的利益"轻易放弃自己的工作。她善解人意，很多有情感需求的人都要求得到她的照顾和关注，甚至自己被忽视也浑然不知。然而，她婚姻坎坷，几任前夫对她的态度让她深感不满，这些是早期迹象。这个团体在利用她，而她也"同意"在一种别无选择的关系中被利用。

在随后的团体治疗进程中，有至关重要的两个人际关系因素。首先，团体和她要公开接受自私行为，自私行为在团体矩阵中变得合理并接受大家的审视。她渐渐让自私成为一种可习得的技巧，或一种可选择的行为。

因此，两种关系障碍得到疗愈。

另一个转变性因素是，她一有无私表现便会受到团体的攻击。团体抵触"被服务"，这种被照顾的感觉会触发团体的愤怒情绪，"无私的'坏女人'"这个词就出自这种情境。

带领者必须在自己有意识的同理心和对无私角色无意识的认同上反复工

① 自我协调（ego-syntonic）：指与理想自我或者现有的自我形象相符合的价值、行为和思维方式。

作，以便将关系障碍引入另一个发展方向。

在关系障碍中疗愈与发展

在分析团体的四年里，N 先生经历了所有的关系障碍。当他最终摆脱关系障碍时，他取得了人生中最大的进步。他之前曾有 15 年的个人治疗经历，也曾被诊断为有偏执型人格障碍。他离过一次婚，在养育两段婚姻的两个孩子时，他遇到了很多问题。他毫不掩饰自己强烈的嫉妒心。在工作中也是这样。他在一家节奏很快的企业里工作，由于嫉妒他人、害怕被拒绝，他时不时与他人发生冲突。在亲密关系中，他时刻担心自己被排斥被拒绝，这令他非常沮丧。无论是与妻子、孩子还是同事，人际交往中小小的挫折都会使他当众发火接着陷入抑郁型自恋受损[①]。

在他参加分析团体治疗的前两年里，他经常感到被拒绝、不被需要，他为建立一个安全空间所做的一切努力都落了空（Friedman, 2004）。在最初的一年半时间里，团体主要以"传统"的方式来"治疗"N 先生。他在多年的个体治疗中学到了很多检视内心的方法，并用这种方法全身心地投入这种传统的治疗。正因如此，通过 N 先生的羡慕、嫉妒以及其他机制来工作，带领者感觉一切都是徒劳的。团体（包括带领者）将他作为疯狂的参与者（在某种程度上，他的确如此）置于团体中心。团体对他的猜忌多疑进行了分析，不久，整个团体的失望和愤怒也在这种互动中消散了。N 先生仍然多疑，但他努力信任自己并尽力涵容自己的憎恨情绪。在这个阶段，团体的主要动力是避免矩阵中正常的和疯狂的主角之间出现或强或弱的分裂。此时，团体治疗应在督导下进行，不可过度集中在这个病人身上。

---

① 自恋受损（narcissitic injury）：该术语是指自恋的自体感觉个体自我夸大的部分受到现实或想象的威胁。

很快，团体成员也感觉受到了攻击和伤害。一些参与者开始蔑视他、反击他，其他人也加入了排除行动。在这两年多的时间里，N 先生时不时陷入被动攻击中。后来他勇敢承认，即使是妻子在儿子身上的"投入"多于他时，他也会嫉妒和猜疑。这是一种了不起的洞察，他也因此得以解脱。

显然，在人际关系层面工作比诠释个体内心给治疗带来的变化更显著。在团体中，所有成员都有深层次的分析性理解，但事实证明，这种分析性的理解在改变态度和关系方面是无效的。N 先生为涵容不信任，处理他的愤怒、仇恨情绪所做的努力，帮助他和其他团体成员摆脱了冲突和偏执，对团体成员影响颇深。他平生第一次遵从团体文化，减少破坏性竞争和与他人对立。这个团体经验丰富，在开始阶段就给予他反应，灵活诠释和重构了他对联结的攻击行为。

团体的涵容能力之所以不同，可能取决于团体自身的经验或成员的构成情况。D 先生和 N 先生同时加入这个团体，他们之间似乎有特殊的连接。这对团体可能产生了一些影响。这种关系对 N 先生来说是一种特殊的支持，也是其安全感的来源，尽管这一关系也存在张力。督导帮助带领者对 N 先生和其他团体成员开展工作。当 N 先生对团体意图的怀疑，以及团体因此产生的受伤、愤怒或退缩等隐藏情绪被团体反复公开地处理时，N 先生与外部世界的关系就会出现意义重大的情感转变。最终，团体对 N 先生和团体自身愤怒与冲突情绪的涵容能力大大加强。

然而，获得这种涵容能力并不容易，N 先生必须克服两个不同的关系障碍，直到有所改善。第一种障碍是他作为团体无私的工作者与团体之间的关系障碍，第二种是他被团体的边缘化。每个团体环境都会塑造出一些无私的"英雄"，无私既有普遍性又有文化上的特殊性。在治疗团体中，一种关系可能围绕某位有洞察力的英雄展开。他可能被团体用作或误用为一个完全开放的人。几乎每一种情绪都会分享给他，任何建议他都不拒绝，团体不断强化他对"在一起"的过度认同。他强烈希望被接受，他的过度认同无处不在，由此，容器或伪容器和团体之间建立了如下这种关系：他是一个必须接纳一切并无限分享的容器，其他成员则可以随意"排泄"到这个容器中。这并不是真正的相互依赖关系，而是一种完全依赖关系，是一种共生的涵容。在这种涵容中，对作恶者（perpetrator）的认同是完全的，甚至具有破坏性的反联结（antilinking）特征。在关键的几个月，团体围绕 N 先生所建立的联系具有这种心理上的英雄品质——虽然这对大多数人来说是满意的，但只有对这些关系进行诠释后，其病理特征才变得清晰。大多数情况下，当帮助所有相关成员说出（后来被认为是）忌讳的妄想——对被团体拒绝、伤害的或对或错的看法——以及报复性幻想之后，张力才得以明显变小。

团体对表达感受的开放性似乎一方面使 N 先生不觉得自己"内心疯狂"，另一方面也帮助其他成员感受到受伤、嫉妒、仇恨、拒绝情绪，他们最终也会受到攻击性（主要是被动的）行为的交织影响。团体成员的开放有助于进行"行动中的自我训练"①（Foulkes，1964：82）：练习如何回应，承受（容忍）团体的猜忌，并通过镜映来进行工作。他最终处于引人关注的"抑郁位"（Klein，1935，1960）：濒于边缘却未被完全拒绝，有时受挫却相对被涵容且能涵容别人而不必见诸行动。这意味着，也许我们已触及他能承受的极限。

1946 年，福克斯少校（当年他还是少校）写道："治疗师……知道，他在从一端挖隧道的途中，会与来自另一端的努力的人相遇。"（Foulkes，1946：86）

---

① 行动中的自我训练（ego training in action）：福克斯认为，团体不断演化的语境为团体成员提供了一个机会，通过与团体其他成员持续进行互动修正，从而达到超越或者转变一些根深蒂固的模式的目的。这个过程就叫作"行动中的自我训练"。

注　释

1. 本章内容改编自 2004 年 6 月在克罗地亚斯普利特的欧洲团体分析培训同盟（European Group Analytic Training Network）会议、以色列团体分析研究所和以色列团体督导大会上的演讲。

2. 本章内容曾以同名发表：Friedman, R. (2007) Where to Look? Supervising Group Analysis—A Relations Disorder Perspective. *Group Analysis*, Vol. 40(2): 251-268, Sage.

参考文献

Agazarian, Y. M. (1994) The Phases of Group Development and the Systems-centered Group. In V. L. Shermer and M. Pines (Eds.), *Ring of Fire* (pp. 36–86). London: Routledge.

American Psychiatric Association (1994) *Diagnostic and Statistical Manual and Mental Disorders* (Fourth Edition). Washington, DC: American Psychiatric Association.

Behr, H. (1995) The Integration Between Theory and Practice. In M. Sharpe (Ed.), *The Third Eye: Supervision of Analytic Groups* (pp. 4–17). London: Routledge.

Behr, H. and Hearst, L. (2005) *Group Analytic Psychotherapy: A Meeting of Minds*. London and Philadelphia, PA: Whurr.

Berne, E. (1964) *Games People Play*. New York: Random House.

Billow, R. M. (2003) *Relational Group Psychotherapy: From Basic Assumptions to Passion*. London: Jessica Kingsley.

Billow, R. M. (2004) Working Relationally With the Adolescent in Group. *Group Analysis*, 37(2): 187–200.

Bion, W. R. (1970) *Attention and Interpretation*. London: Heinemann. Reprinted in *Seven Servants: Four Works by Wilfred R. Bion*. New York: Aronson, 1977.

Bion, W. R. (1992) *Cogitations*. London: Karnac.

Bleuler, E. (1972) *Lehrbuch der Psychiatrie*. Heidelberg: Springer.

Foulkes, S. H. (1946, May) Principles and Practice of Group Therapy, by Major S.H. Foulkes. *R.A.M.C. (Royal Army Medical Corps)*, 10: 85–89.

Foulkes, S. H. (1964) *Therapeutic Group Analysis*. London: Maresfield Library.

Foulkes, S. H. (1975) *Group Analytic Psychotherapy, Method and Principle*. London and New York: Karnac.

Freud, S. (1912) *The Dynamics of Transference* (Standard Edition, Vol. 12). London: Hogarth Press, 1958.

Friedman, R. (2004) Safe Space and Relational Pathology. *International Journal of Counseling and Psychotherapy*, 2: 108–114.

Friedman, R. (2005) *Disorders Heal Each Other in Group Analysis – A Relational Perspective*, Unpublished Paper for the Israel Institute for Group Analysis.

Friedman, R. (2006) Who Contains the Group and Who Is the Leader? A Relational Disorders Perspective. *European Journal of Psychotherapy & Counselling*, 8(1): 21–32.

Grotstein, J. S. (2003) Introduction. In R. M. Billow (Ed.), *Relational Group Psychotherapy: From Basic Assumptions to Passion*. London: Jessica Kingsley.

Klein, M. (1935) Contribution to the Psychogenesis of Manic-Depressive States. In *Developments in Psycho-Analysis*. London: Hogarth, 1948.

Klein, M. (1960) Symposium on 'Depressive Illness' – A Note on Depression in the Schizophrenic. *International Journal of Psycho-Analysis*, 41: 509–511.

Kotani, H. (2004) Safe Space in a Psychodynamic World. *International Journal of Counseling and Psychotherapy*, 2: 87–92.

Minuchin, S. (1974) *Families and Family Therapy*. Boston, MA: Harvard University Press.

Piper, M. and McCallum, M. (1994) Selection of Patients for Group Interventions. In H. S. Bernard and P. MacKenzie (Eds.), *Basics of Group Psychotherapy*. New York and London: Guilford Press.

Rafaelsen, L. (1996) Projections, Where Do They Go? (19th S. H. Foulkes Lecture). *Group Analysis*, 29(2): 143–158.

Schlapobersky, J. (1993) The Language of the Group: Monologue, Dialogue and Discourse in Group Analysis. In D. Brown and L. Zinkin (Eds.), *The Psyche and the Social World:*

Developments in Group-Analytic Theory (pp. 211–231). London: Routledge.

Stern, D., Sandler, L., Nahum, J., Harrison, A., Lyons-Ruth, K., Morgan, A., Bruschweiler-Stern, N. and Tronick, E. (1998) Non-Interpretative Mechanisms in Psychoanalytic Therapy. *International Journal of Psycho-Analysis*, 79: 903–921.

Winnicott, D. W. (1969) The Use of an Object and Relating Through Identifications. In *Playing and Reality*. London: Tavistock, 1971.

Zinkin, L. (1993) Exchange as a Therapeutic Factor in Group Analysis. In D. Brown and L. Zinkin (Eds.), *The Psyche and the Social World: Developments in Group Analytic Theory* (pp. 99–117). London: Routledge.

5

个体治疗或团体治疗：

适应征的最佳治疗 [1]

为什么选择团体治疗？

团体治疗师对这个特定疗法的优势了如指掌。然而，要向别人说明参与团体治疗特别是中型团体的独特好处并不容易。要了解小团体和中型团体的独特作用，就应先对不同的治疗空间（个体、团体、夫妻和家庭治疗）的适应征做清楚的说明。

案　例

尤里先生 40 岁，已婚，有三个孩子；他每次参加团体会面都会焦虑、紧张，没有安全感。尽管进行了两次"令人满意的"个体治疗，这些症状并没有改变，这与他成功人士的身份形成了巨大的反差。

团体治疗、适应征与最佳治疗

是什么使中小团体治疗疗效独特，足以应对明确的适应征？如何让治疗师相信参与团体治疗是绝对必要的？我们需要建立一个足够完备的适应征系统将具体的疾病与特定的治疗策略联系起来。比如，我们对急性膝关节疼痛进行筛查和诊断就知道是否应该、何时需要对膝关节进行物理治疗、手术，或是仅靠休息就可自愈。医生的建议并不一定与每一位病人的自我协调一致，也不一定会得到每一位病人的理解。尽管如此，病人往往会根据适应征选择最佳治疗方法。

同样地，在心理治疗中，我们也应该提出以下三个问题：什么障碍是需要治疗的？什么是最佳治疗空间？什么时候应该推荐某种特定的最佳治疗空间？

1. 需要治疗的障碍是什么？

需要治疗的障碍是从个体角度还是从人际关系层面来定？经典的个人病症，如抑郁症或强迫症，常用传统疗法。但传统疗法往往不明确针对某种障碍的特定适应征。自恋障碍可能在个人关系中被接受，但在家庭系统和团体中却不被接受，反之亦然。关于最佳治疗的其他观点可以在诸如心理感受性[①]（McCallum and Piper, 1990）或客体关系质量（quality of object relations）（McCallum, et al, 2003）[2]中找到。这些疗法明确定义了个体在内部和外部关系中的能力，并研究了团体治疗中的适应征。我想提出另一种可能，即将关系障碍定义为人际的和多人的障碍。这将有助于心理治疗师区分团体、伴侣、家庭和个体治疗空间及其治疗模式。

(案例分析)

经诊断，尤里先生在青少年时期经历了创伤性的排挤，这使他内心长期处于被孤立、受伤的痛苦中。尽管后来在社会上发展良好，但在团体中他的

---

① 心理感受性（psychological mindedness）：指个体通过自我观察、内省等方式，对自我和他人的思想、情感、行为及它们之间的关系所获得的洞察。

不安全感挥之不去，需要定期退回到二元关系的保护中。

定义关系障碍：一种根本的思想转向

在精神分析学的演变过程中，精神分析的发展与弗洛伊德的早期前提是一致的，在经典的个体治疗理论中都有显现。后来，苏格兰的费尔贝恩（Fairbairn）和匈牙利的巴林特（Balint）从全然不同的观点出发，各自研究了神经症精神病理学的呈现细节，并在 20 世纪 30 年代为临床医生提供了一个根本的思想转向。他们提出，症状背后有一个前俄狄浦斯期的基本关系问题。费尔贝恩认为，大多数神经症症状反映了未解决的依赖需求；巴林特认为，这是由一种错误的依恋模式导致的，他称之为"基本错误"（the basic fault）。正是他们根本的思想转向，才促生了客体关系理论。

20 世纪 50 年代新一代家庭治疗师，内森·阿克曼（Nathan Ackerman）、莱曼·韦恩（Lyman Wynne）及其他早期家庭治疗师对个体作为精神病理学"单位"的既有观点提出异议，他们引入了另一种根本的思维转向，将依恋本身即关系纽带作为研究和治疗的议题。福克斯在这一转变轨迹下深入研究工作，使超个人现象的重要性得以凸显。

我认为，对于我们提出的几种关系障碍，团体治疗是不二之选。为了介绍关系障碍的概念，我们最好先引用福克斯（Foulkes, 1975: 66）的阐述："用传统的诊断标签来谈论个体是没有多少帮助的"；"我们……应该把'神经症的困扰，看作是多人的困扰（Foulkes, 1975: 65；着重号为作者所加）'"；"超个人现象涉及所有团体心理治疗的根本，我们需要做出根本的思想转向"（Foulkes, 1964: 18）。我提议，在我们对个体病理学的传统定义中加入关系障碍的视角，来实现当代根本的思想转向。这种对多人功能障碍视角的补充，不仅可以提升心理治疗适应征的识别水平，还能更好地提升不同治疗空间的效果[3]。例如，以下这些关系障碍中的大部分甚至都不太可能出现在二元治疗空间中。

关系障碍是多人的功能失调模式（Friedman, 2005, 2006, 2007）。我们在社会和团体治疗中可观察到这些关系障碍的情感和行为模式。这些障碍是多种因素一起作用造成的，人际的功能障碍是指所有参与者无法涵容强烈情绪如分离焦虑、融入需要和攻击性的结果。以阿加扎里安对团体功能的研究为基础（Agazarian, 1994）提出的关系障碍的类别如下。

A. 在缺陷关系障碍中，参与者无法涵容自己和他人的强弱双重性。团体参与者或亚团体感觉自己长期处于弱势，在与他人的互动中传达焦虑、抑郁和自卑的信息，而他人被固着在功能良好、有力量、能帮助别人的感觉中。"认定的病人"（the Identified Patient）和"认定的照顾者"（the Identified Caretaker）是家庭治疗中的两个概念，二者的分裂往往会使团体关系慢慢固化，形成慢性病症。

B. 拒绝[4]关系障碍是因团体无法涵容攻击性而产生的。排斥他人的亚团体和渴望融入的个体之间可能会在幻想中演绎出越来越强的暴力。团体发展过程中还会出现其他现象，比如找替罪羊，团体对此并不感到内疚和羞耻；而替罪羊本人反而越来越强烈地渴望成为团体的一部分。在学校班级和封闭社会中，被拒绝者和拒绝者之间的互补关系在很多方面的表现是病理性的。随着现代通信技术的发展，拒绝关系障碍也在加剧，人们不必见面也能拒绝他人或被拒绝。

C. 自我关系障碍也是一种特定的病理性关系，对社会的过度认同导致个体无法发展出自主、成熟的自我。无私的"英雄"的自我（Agazarian, 1994）与他们"自私"的自我共谋（以性别为基础的），以不同的方式伤害自己，也伤害他人。不管是女性还是男性他们接受的教育是，他们要为家庭、社群和工作无私奉献自己的全部身心，于是他们强迫性地沉浸于英雄行为。他们被社会利用、错待的同时也利用、错待他人。这种无法发展自我的情况对男性和女性的影响是不同的，但自我伤害的过程是相似的。

D. 在排斥关系障碍中，中心群体并不想摧毁个体或亚团体，但会使他们边缘化。当被排斥者慢慢接受被边缘化，这种现象就成为这个团体或社会的长期病症，而且中心群体和边缘群体的地位不会发生改变和转移。团体中可能出现类似抑郁症或强迫症等症状，导致整个团体的能量、活力和满意度低于最佳水平。不同的种族群体，"不寻常"的人，如妇女（仍然包括）、同性恋者、穷人和黑人，有前科者，曾经的精神病患以及其他社群，都属于长期被边缘化的群体。加入小团体，从大团体的边缘位置移动到小团体中心位置，再回到边缘位置，这样的方式才称得上是足够好的心理干预，可产生显著的效果。所有与团体中心相关的关系功能失调都可能在小团体、中团体或大团体中发生转变（de Maré, 2002; Pisani, 2000）。因此，只有所有参与者共同参与才能带来健康的转变。

案例分析

对尤里先生的团体治疗主要围绕三种功能障碍模式依序工作：他对成为替罪羊的恐慌也在他与团体的关系中得到了精细加工。

1. 尤里先生和团体一方面常常回避和拒绝对方，另一方面又渴望得到对方非理性的接纳，这些在团体治疗过程中都得以修通。

2. 之后，他在团体中的"弱者"形象和他努力维持强大外表的矛盾，在与他的缺陷关系障碍关联后，在团体中得到了精细加工。

这些病理性互动在团体中以独特的方式重新演绎，最终得到适当的治疗，治疗师也可以更好地界定团体治疗的适应征。最终，无论是选择团体中的"英雄"，还是无私地把自己的部分空间让渡出来，尤里和团体都拥有了更多的自由。

2. 最佳治疗空间是什么？

由于诸多原因，以功能失调模式为特征的关系障碍，需要在它们重现的情境中进行治疗。在团体分析中，我们通过"行动中的自我训练"（Foulkes, 1968: 181）来治疗那些重现的旧有模式。针对关系障碍，中型团体何时可作为最佳治疗方式？区分功能失调模式、明确特定空间的治疗价值，都有助于我们更好地回答这一问题。

根据我的临床经验，至少有三种关系障碍（第二、三、四种）在小团体和中型团体中活现或重现。我们需要对团体冲突各方进行干预，中团体在精细加工第三种和第四种关系障碍方面最有效（小团体在精细加工第一和第二种关系障碍时可能更有效）。关系障碍的精细加工程度会随着仇恨、嫉妒等情绪的变化而变化。我们要评估破坏性情感与动机或者情感功能障碍的程度，因为这些因素会影响选择什么规模的团体来治疗关系障碍。

在以色列我们了解到，治疗社会创伤，中型团体显然是最佳的治疗空间。第二次黎巴嫩战争中，以色列北部遭受了数千枚火箭弹袭击。我们运用中型团体治疗的方式，使以色列从战争的创伤中逐步恢复。这些经验表明，中型团体在治疗排斥感、无助感和防御性过度认同方面效果突出。

3. 推荐特定最佳治疗空间的时机是什么？

大多数潜在的病人更倾向于先寻求个体治疗[5]。刚开始治疗的来访者比较脆弱，他们认为团体无法涵容自己，担心自己受不到保护。比如当我们难受时，我们会下意识地喊"妈妈"，而不是喊"爸妈"或"家人"！在二元结构的治疗中，病人渴望被关怀、抚慰和保护，与早期母子关系中的情感经历相关。因此，我们常常不会考虑更深层或更具体的"适应征"，不考虑中团体或小团体治疗，而是习惯性地、无意识地进入个体治疗。我强烈建议，我们的思想要有一个根本转向，用 "两步走"来确定治疗方法。这意味着，大多数病人会一开始在二元空间中接受治疗，下一步考虑团体治疗，这是明智之举。对于治疗和改变多人功能障碍，团体治疗提供了最佳的空间。

注　释

1. 本章内容曾以同名发表：Friedman, R(2013) Individual or Group Therapy? Indications for Optimal Therapy. Group Analysis, 46: 164-170。

2. 心理思维被定义为识别冲突性动力成分的能力，如愿望、焦虑、防御，并将这些成分与人的困难联系起来看待。客体品质被定义为一个人与他人建立某种类型关系的倾向。它指的是一个人整个人生中关系模式的质量，而不仅仅是当前或最近的关系。团体观察者通过观察关系的五个层次，即成熟的、三角的、控制的、寻找的和原始的来评估治疗团体的候选成员。

3. 除了干预"团体整体"或个人层面的过程，这种视角也可以帮助我们对特定的关系类别有更清晰的认识。

4. 我把"拒绝"定义为较具攻击性的概念，与"排斥"这个概念有本质上的不同。拒绝意味着把人排挤出团体，而排斥意味着把人推向团体的边缘。

5. 一些害怕亲密关系的人不会寻求（个人）治疗。

参考文献

Agazarian,Y. M. (1994) The Phases of Group Development and the Systems-Centered Group. In V. L. Schermer and M. Pines (Eds.), *Ring of Fire: Primitive Affects and Object Relations in Group Psychotherapy* (pp. 36–86). London: Routledge.

de Maré, P. (2002) The Millennium and the Median Group. *Group Analysis*, 35(2): 195–208.

Foulkes, S. H. (1964) *Therapeutic Group Analysis*. London: George Allen and Unwin.

Foulkes, S. H. (1968) Group Dynamic Processes and Group Analysis. In E. Foulkes (Ed.), *Selected Papers* (pp. 175–186). London: Karnac.

Foulkes, S. H. (1975) *Group-Analytic Psychotherapy: Method and Principles*. London: Gordon and Breach. Reprinted London: Karnac, 1986.

Friedman, R. (2005) *Disorders Heal Each Other in Group Analysis – A Relation Pathology Perspective*. www.funzionegamma.edu

Friedman, R. (2006) Who Contains the Group and Who Is the Leader? *European Journal of Psychotherapy and Counselling*, 8(1): 21–32.

Friedman, R. (2007) Where to Look? Supervising Group Analysis – A Relation Disorder Perspective. *Group Analysis*, 40(2): 251–268.

McCallum, M., Piper, W. E. (1990) The Psychological Mindedness Assessment Procedure. *Psychological Assessment*, 2: 412–418.

McCallum, M., Piper, W. E., Ogrodniczuk, J. S., Joyce, W. E. (2003) Relationships Among Psychological Mindedness, Alexithymia and Outcome in Four Forms of Short-term Psychotherapy. *Psychology and Psychotherapy*, 76: 133–144.

Pisani, R. (2000) The Median Group in Clinical Practice: An Experience of Eight Years. *Group Analysis*, 33(1): 77–90.

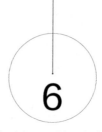

6

当今的团体分析：

主体间性理论的发展 [1]

引　言

人类关系的主体间视角是指人和人之间的心理渗透性和相互影响。这种视角使团体分析区别于其他心理治疗方法。毋庸置疑，福克斯是理解人际关系维度的先驱，他把弗洛伊德的无意识会面又向前推进了一步。在许多方面，无意识的概念在精神分析领域中被边缘化了几十年。弗洛伊德写道：

> 用一个公式来形容：（精神分析师）必须把自己的无意识当作一个接收器转向病人发送的无意识。他必须使自己适应病人，就像电话听筒适应传输信号一样。类似于接收器将电话线中由声波产生的电振荡转化为声波，治疗师的无意识也能够从传达给他的无意识内容中，对病人的无意识进行重建，而无意识决定了病人的自由联想。

（Freud, 1912: 115）

早在 1948 年，福克斯就将团体参与者之间无意识的、原始的联系定义为"超个人的"（transpersonal）。这个概念意为矩阵中的联系是主体间性的，"仿佛 X 射线会在他们之间穿过一样"（Foulkes, 1948: 1）。基于这种对矩阵的观点，福克斯描述了一个建立在人类互动基础上的空间，在这个空间里，各种交流、内摄、投射及其他元素搭建了一个网络。在这个网络中，刺激物影响并共同创造了以多层次交流为基础的关系。

目前，对于超个人概念如何运作还没有较完善的解释，不过我们可以采用投射性认同、传染（Redl, 1942）以及其他建立联系的方法。投射性认同是克莱茵（Klein）提出的概念，它试图描述容器和被涵容者之间的情感关系。拉斐尔森（Rafaelson, 1996）在"福克斯演讲"[①]中将其描述为矩阵中最重要的交流机制。

在认识到超个人概念和主体间疗法之间的相似性之后，技术上的困境又摆在我们面前。现代关系疗法（Mitchell, 1988）提出了中立性及其他相关方面的问题——尤其是主体间学派在亲密的治疗关系中用到的心理的相互渗透性。例如，分析师在团体中需要高度透明，而这一点可能是某些团体分析治疗的带领者难以认同的。我发现，即使是梦、交流和想象等超个人疗法的某些临床和理论含义，对于这些带领者来说都是难以消化或者难以接受的。

例如，我发现做梦不仅为"自我"使用，也为团体内的其他人所用，这种看法可能很难被接受。事实上，超个人／主体间的观点表明，我们的心理边界常常比我们预想的更容易渗透（Friedman, 2012）。社会梦（Social Dreaming）（Lawrence, 2007）可以完美呈现团体整体的主体间性。梦是识别

---

① "福克斯演讲"（Foulkes Lecture）：该学会一年一度举办的活动，每年都会邀请一位杰出的学会成员来做讲座。国际团体分析学会（GASi, Group-Analytic Society International）于 1952 年由福克斯、伊丽莎白·马克斯、德·马雷博士等人在英国伦敦发起成立，这是一个研究和促进团体分析在临床和应用层面发展的学术团体。

文化知识的一种方法，梦的表征可以帮助我们寻找"社会真相"，但所有的信息化过程都可能对社会产生影响。

事实上，正确理解与他人、团体和社会的关系对我们这个行业的未来至关重要，而对主体间性的理解有助于我们重新思考这些概念。魏格曼（Weegmann，2011）和拉维（Lavie，2011）针对团体分析实践过程中的主体间性视角可能带来的变化有一些思考。

胡塞尔（Husserl，1931）在对现象学的一般性讨论中介绍了他的主体间性概念，在人类关系的研究中，为同情和共情的理解留出了空间。主体间性概念使人类对关系经验有了更完整的理解，人既是关系经验的主体，又是关系经验的客体。从这个角度来看，在这个共同的内在的关系世界中，个体的体验是由另一个人对他的体验来定义的。

对主体间性的认识创造了一个新的心理学范式。在这个范式中，个人被定义为"关系中的人"（person-in-relation）（如 Hopper，2003; Grotstein，2002）。"没有独立存在的婴儿这回事"（there is no such thing as a baby）（Winnicott，1958）这一著名的论断，指的是在生命之初，新生儿完全依赖母亲，但这句话隐喻了至少在整个婴儿期和儿童期孩子与母亲的关系在社会－心理层面是相互依赖的。主体间性意味着相互影响的关系，在这种关系中，一方对另一方影响很大，任何一方都并非中立的、不重要的角色。婴儿也不是被动的存在，他不是只被他的遗传、本能所控制的，他是"有能力的新生儿"（competent new born）（Friedman and Vietze，1972）。充满活力的婴儿与其他主体相互回应、相互依赖，参与创造属于自己的人际环境。

主体间性反映了人类存在的核心悖论：一方面，有时痛苦的个体依赖于社会，外部影响对个体心理具有渗透性；另一方面，个体对他人有潜在的影响力，他能够与他人共同创造关系情境，展示了对关系的不同的主体间性视角。

"主体间"一词的前提是，经典的二元结构治疗关系是不可分割的——我们不能再把病人或治疗师说成是"个体"而忽略了他们总是相互联系的事实。主体间理论同样也质疑"内在"世界和"外在"世界的差异，因为这两者的关联也许比我们认为的更加紧密。

对于为了参加心理治疗而相聚于多人关系的团体的人来说同样如此。团体治疗中的参与者在这个情感"场"中密切接触，被无意识地或有意识地推动和牵引着；个体和人际关系的特征"如同一个假设，通过主体间的方式，由连接的客体共同创造、维持和修通"（Billow, 2003: 40）。

情感根植于关系的发展过程中，在双方相互影响下形成，尽管这种影响通常并不对等。我们可以把镜映、共鸣和交流理解为主体间对话的不同层面，这些对话决定着家庭和团体交流的进程。最初，母亲是主体间的参与者，后来，父亲等人也加入进来，建立关系模式，渗透彼此有意识和无意识的精神世界，相互接触、相互影响。

心灵本身可能就是这种主体间交通的结果（Foulkes, 1975）。将整个关系空间看作"心灵"（Mind），或一个涵容空间，在这个空间中思考、交流和精细加工的过程得到共享，可能是主体间理论"转向"的主要贡献之一。虽然我们通常无法直接认识到其他人的心灵对自己心灵的主体间影响和被定义的心灵共享空间的影响，但这种无意识的主体间影响似乎是人类心理状况的基本要素。它也可能是社会文化"束缚"的根基（Hopper, 1981）。

马丁·魏格曼（Martin Weegmann）强调，从主体间的角度来看，健康和不健康的心理发展在本质上都是关系性的，这种关系是不可简化的。许多精神分析学家对这一观点都有自己的贡献，特别是那些强调投射和内摄过程在人类关系中的重要性的精神分析学家，例如费伦齐（Ferenczi）、克莱因、费尔贝恩、温尼科特和巴林特（Balint），以及当代自体心理学家，如史托罗楼等人（Stolorow et al., 2002）。对关系参考框架描述卓有贡献的精神分析学家中，自然不能忽略比昂，尤其是他提出的容器／被涵容模型理论（Bion, 1963）。

关系性思维可能会对这些观点有新的启发，例如羞耻的概念。羞耻通常被认为是一种非常个人的感觉。羞耻感可能是与他人无意识接触的结果，是一种警报系统；当团体中潜在的拒绝被激活时，羞耻感会发出警告。因此，无论在哪种互动中被唤起，羞耻感都可能是一种无意识的警报，由潜在的排斥所启动。个体也可能促成这种拒绝机制的形成，我们将个体的这种机制定义为"羞耻"。

现代心理剧作家和社会戏剧家提出了"共同意识"（co-conscious）和"共同无意识"（co-unconscious）的概念，这是社会文化系统构建的基础（Weinberg, 2007）。处于共同意识和共同无意识关系中的人们，共同创造了一个共享的"第三空间"（Ogden, 1994）。在这个空间中，"社会事实"如社会、文化，以及更广泛的社会系统，都可得以表达。团体分析师以动力和基础为矩阵，将这种社会系统概念化，拉维（Lavie）将其描述为主体间的概念。这些概念建立的基础是，社会系统大于其组成部分和参与者的总和。社会系统中的社会文化交流结构，从家庭、组织到国家，都起源于共同构建的这些关系。有意思的是，不知是否反之亦然：共同意识和共同无意识的产生过程是否只能在动力和基础矩阵的语境中才能被理解。

福克斯（Foulkes, 1990）的著作中隐含的概念"关系中的人"，约书亚·拉维（Joshua Lavie）将其追溯到诺博特·伊利亚斯（Nobert Elias）；拉维强调，从将人视为封闭的个体，到将他们视为开放关系中的人，福克斯和团体分析理论做出了重大贡献。这种主体间的观点对心理治疗，特别是对团体分析影响深远。治疗师不是唯一的疗效因子的提法使一种新的治疗范式得以形成。

那就是在团体的关系中，所有人都可以相互疗愈。

尽管"将心理过程的概念……（视为）……多人的概念似乎难以被接受"（Foulkes, 1975: 253），但正是这种对"超个人"情感运动的概念化，使团体分析成为主体间理论思考的来源之一。福克斯（Foulkes, 1964）称其为"两个人之间内部心理的共同联合体"（an endo-psychic common union between two people）。

病症的主体间性也与福克斯提出的定位概念有关（Foulkes, 1948; Nitzgen, 2010），定位本身就是一个主体间性概念。"病症的位置无法仅从任何个人身上找到，也不完全是人际间的，而是要在人的关系中去观察"（Foulkes, 1948: 1）。与"心智"的关系位置类似，个人或团体的"病理性心智"也可视为一种"关系性的病症"（Friedman, 2013）。

主体间性对团体分析实践有什么影响？它是否会带动团体分析工作中心理性和社会性的重新结合（Lavie, 2011）？治疗团体的带领者是否必须发展出一种"特殊的敏感性"，他们是否应该听从魏格曼(Weegmann, 2011)的建议——"允许事情不完整、悬而未决"（Foulkes, 1964: 287）？在主体间性方法的临床工作中，我们应当讨论和实践团体带领者的复杂定位，以便更充分地理解成为一个"团体中的带领者"而不是一个与病人保持距离的治疗师的意义。"主体间性的转向"使人们对中立和节制的概念有了新的认识，随着理论研究的进一步发展，这一转变可能对我们的临床工作产生更深远的影响。

注　释

1. 本章内容曾以同名发表：Friedman, R.(2014) Group Analysis Today—Developments in Intersubjectivity. *Group Analysis*, 47(3): 194-200.

参考文献

Billow, R. M. (2003) Relational Variations of the 'Container-Contained'. *Contemporary Psychoanalysis*, 39: 27–50.

Bion, W. R. (1963) *Elements of Psycho-Analysis*. London: William Heinemann. Reprinted London: Karnac Books. Reprinted in Seven Servants, 1977.

Foulkes, E. (Ed.). (1990) *S. H. Foulkes Selected Papers*. London: Karnac.

Foulkes, S. H. (1948) *Introduction to Group-Analytic Psychotherapy*. London: Heinemann.

Foulkes, S. H. (1964) *Therapeutic Group Analysis*. London: Allen and Unwin.

Foulkes, S. H. (1975) Problems of the Large Group. In E. Foulkes (Ed.), (1990) *S. H. Foulkes Selected Papers* (pp. 249–269). London: Karnac.

Freud, S. (1912) Ratschläge für den Arzt bei der psychoanalytischen Behandlung. Zentralblatt für Psycho-analyse. II: 483–489; *GW*, VIII: 376–387; 'Recommendations to Physicians Practising Psycho-Analysis', *SE*, 12: 111–120.

Friedman, M. and Vietze, P. (1972) The Competent Infant. *Peabody Journal of Education*, 49 (4): 314–322.

Friedman, R. (2012) Dreams and Dreamtelling: A Group Approach. In J. L Kleinberg (Ed.), *The Wiley-Blackwell Handbook of Group Psychotherapy* (First Edition, pp. 479–499). West Sussex, UK: John Wiley and Sons, 2011.

Friedman, R. (2013) Individual or Group Therapy? Indications for Optimal Therapy. Group Analysis, 46: 164–170.

Grotstein, J. S. (2002) 'We Are Such Stuff as Dreams Are Made on' – Annotations on Dreams and Dreaming in Bion's Works. In C. Neri, M. Pines and R. Friedman (Eds.), *Dreams in Group Psychotherapy* (pp. 110–146). London: Jessica Kingsley Publishers.

Hopper, E. (1981) *Social Mobility: A Study of Social Control and Insatiability*. Oxford: Blackwell. Excerpts reprinted in Hopper, E. (2003) *The Social Unconscious: Selected Papers*. London: Jessica Kingsley.

Hopper, E. (2003) *The Social Unconscious: Selected Papers*. London: Jessica Kingsley.

Husserl, E. (1931) *Cartesian Meditations: An Introduction to Phenomenology*. Translated by D.

Cairns. Dordrecht: Kluwer, 1960.

Lavie, J. (2011) The Lost Roots of the Theory of Group Analysis: 'Interrelational Individuals' or 'Persons'. In E. Hopper and H. Weinberg (Eds.), *The Social Unconscious in Persons, Groups, and Societies.Volume 1: Mainly Theory* (pp. 155–178). London: Karnac.

Lawrence, W. G. (2007) *Infinite Possibilities of Social Dreaming*. London: Karnac Books.

Mitchell, S. A. (1988) *Relational Concepts in Psychoanalysis*. Cambridge, MA and London: Harvard University Press.

Nitzgen, D. (2010) Hidden Legacies. S. H. Foulkes, Kurt Goldstein and Ernst Cassirer. *Group Analysis*, 43: 354–371.

Ogden, T. (1994) The Analytical Third: Working With Intersubjective Clinical Facts. *International Journal of Psychoanalysis*, 75 (1): 3–20.

Rafaelsen, L. (1996) Projections, Where Do They Go? *Group Analysis*, 29: 143–158.

Redl, F. (1942) Group Emotion and Leadership. *Psychiatry*, 5: 573–596.

Stolorow, R. D., Atwood, G. E. and Orange, D. M. (2002) *Worlds of Experience: Interweaving Philosophical and Clinical Dimensions in Psychoanalysis*. New York: Basic Books.

Weegmann, M. (2011) Working Intersubjetively: What Does It Mean for Theory and Therapy? In E. Hopper and H. Weinberg (Eds.), *The Social Unconscious in Persons, Groups, and Societies.Volume 1: Mainly Theory* (pp. 133–154). London: Karnac.

Weinberg, H. (2007) So What Is This Social Unconscious Anyway? *Group Analysis*, 40(3): 307–322.

Winnicott, D. W. (1958) Anxiety Associated With Insecurity. In *Through Pediatrics to Psycho-Analysis* (pp. 97–100). London: Tavistock.

第三部分
士兵矩阵：
如何与存在焦虑、
创伤及荣耀的希望共处

结合大团体和小团体，
以三明治模型解决社区冲突，疗愈社会

导读

士兵矩阵

  我感觉我生活的社会一直面临某种生存危机。许多人认为现实世界是有威胁性的。比如六日战争（第三次中东战争）发生前的几个月，赎罪日战争（第四次中东战争）中的前两周留给我的印象颇深。而面对真主党及伊朗领导人的威胁带来的湮灭焦虑（Hopper, 2003），以色列人有同样的情绪反应。在我所处的社会中，也有欢欣鼓舞和骄傲自豪的时刻；人们带着强烈的身份认同感，认为值得为这种荣耀牺牲。战争的胜利、团结、无私的牺牲和不再孤独的感觉，都是矩阵荣耀的一部分；同时，焦虑与生存危机也深深影响了我们的情绪。这些情感过程给我们的社会带来了大众化[①]进程，人们的内疚、羞耻感和同理心逐渐减少。我认为所有这些表现都是士兵矩阵的主要特征（Friedman, 2015）。在士兵矩阵中，每个人都被无私、英雄主义和牺牲的精神感染。此处我提到的矩阵的社会无意识，指的是个人矩阵的视角、我们的文化基础和当前的"动力"矩阵三者共同创造的一个复杂的、无意识的领域。这种三方模式是士兵矩阵的核心（Friedman, 2018）——生存危机与追求荣耀共享的社会文化。每个人都须应征入伍几十年（我们每年服役一个月，连续30年），这让

[①] 参考"前言"对大众化（massification）的定义。

人们更容易接受服役只是社会使命，但是在士兵矩阵中，所有的人，包括妇女、儿童和老人，他们都被"征召""服役"。当今，人们似乎很容易不经思考就为"事业"服务，但对于那些有反思能力的人来说，以色列军方的行为和战争局势为士兵矩阵提供了空间。一个相关的主题是，社会和父母怀着自豪和骄傲之情，牺牲自己的孩子，送他们上战场。

但在德国，我从接触到的德国人中了解到他们的处境后，我对自己以及周围的社会和情感过程才有了深刻的认识，我称之为"反士兵矩阵"。不幸且可怕的是，以色列士兵矩阵正朝着德国士兵矩阵的方向迅速发展。相邻的矩阵也会相互影响。所以，我的一些阿拉伯病人的孩子们祈祷以色列军队强大，保护他们免受攻击。我对这一现象的诠释是，在以色列生活的阿拉伯人也是以色列士兵矩阵的一部分。

生活在士兵矩阵中意味着个人的边界遭到入侵，个人受到"超个人"交流方式的影响。士兵矩阵文化似乎统一了个人的思想，这种文化期望人们无私地为生存和荣耀而战。这种文化不可避免会限制个人发展，因为来自大团体的压力使个人不得不认同严格的社会规范。随着羞耻感和罪恶感等抑制暴力因素的减少，人们会看到更多的仇恨情绪，会寻找更多的替罪羊；人们也更倾向于盲目追随那些看似能从敌人手中"拯救"社会的领导人。

我现有的认识大多基于我个人参与及带领大团体的经验。当四十余人围成一圈坐下来，有人独白和对话①时，我们更容易看到并理解社会矩阵的作用。特别是当大团体能够应对逐渐减少的"融入安全感"，能够

---

① 独白（monologue）和对话（dialogue）：是团体中言语的类型。除此之外，还有一种是话语（discourse）。

更清晰地反映社会进程时，这种作用显然是小团体所不及的。

只有国家（比如德国）的彻底战败才是应对士兵矩阵的必要条件吗？如何精细加工士兵矩阵对社会和个人带来的巨大影响？在我寻找解决这些情感倾向的工具时，结合小团体和大团体，我提出可用于不同社群的三明治模型（Friedman, 2016）。我们发现三明治模型能有效应对湮灭焦虑、荣耀议题和"权威关系"。三明治模型中最重要的方法之一，是帮助个人和亚团体与士兵矩阵"保持距离"，并反思这个过程。因此，三明治模型这一设置可以疗愈独裁的战时社会。它帮助我实现个人成长，并进入一种对话，这种对话不仅让我完成分离，也让我获得归属感。

参考文献

Friedman, R. (2015) A Soldier's Matrix: A Group Analytic View of Societies in War. *Group Analysis*, 48(3): 239–257.

Friedman, R. (2016) The Group Sandwich Model for International Conflict Dialog. Using Large Groups as a Social Developmental Space. In S. S. Fehr (Ed.), *101 Interventions in Group Psychotherapy* (pp. 83–85). New York: Routledge.

Friedman, R. (2018) Beyond Rejection, Glory and the Soldier's Matrix: The Heart of My Group Analysis [42nd Foulkes Lecture]. *Group Analysis*, 51(4): 389–405.

Hopper, E. (2003) Incohesion: Aggregation/Massification; The Fourth Basic Assumption in the Unconscious Life of Groups and Group-like Social Systems. In R. M. Lipgar and M. Pines (Eds.), *Building on Bion: Roots.* London: International Library of Group Analysis 20, Jessica Kingsley Publishers

7

士兵矩阵:

从团体分析的视角看待战时社会 [1]

我个人的士兵矩阵

在我童年早期,我遭受过暴力。成年后,我发现自己仿佛经常处于两军交战的阵地中,每一方都受暴力影响。我被"攻击者"包围:尽管德国前线士兵不得不逃离德国,但他们仍是第一次世界大战的德国士兵,我觉得他们的表现冷漠、愤怒和矛盾,离我们很近,又很远。

我的普鲁士①祖父常常给我看战争给他的身体留下的伤疤。还有我的叔祖父,身上也是伤痕累累。叔祖父毫不掩饰他的失望,他曾是俄罗斯战场前线首批德国坦克指挥官之一,然而,柏林的阿里乌斯信徒们对他并无感激之情,甚至害他丢了证券交易所的工作,被逐出德国。我认为,他们对于失去家园、故土和文化的痛苦要甚于失去家人,他们从未提及他们失去的家人。

另一边则是大屠杀的受害者——我家族的幸存者——他们彼此分担痛苦。我的叔叔、婶婶和表亲最近刚从难民营、从支离破碎的欧洲来到这里,我感受到更多的温暖,我感受到了爱。他们说,他们活下来是为了我和我的表兄

① 普鲁士是欧洲德意志历史上的地名,通常指 1525 年至 1701 年的普鲁士公国。

妹们。然而，我无意中听到他们在窃窃私语，言语中充满仇恨和羞耻；他们也卷入了内心的战争，觉得应该为自己在集中营里所做的和所经历的可怕的事情负责。他们内心充满了复仇的情绪，对囚监[①]恨之入骨。在我看来，受害者和受伤士兵的经验是不相容的。当我还是孩子时，我常扮演牛仔和印第安人，也扮演希特勒去对抗丘吉尔，激起了祖父的愤怒。像许多备受战争创伤的人一样，他指责我用游戏来攻击他人，更无法忍受把战争当游戏。是不是从那时起我已经无意识地将自己置于士兵矩阵中？我问自己：士兵生病了吗？

在准备本文的过程中，我不得不回顾自己的战争经历，反复思考士兵的病理问题。例如，从伏击到攻击，面对枪林弹雨所有的战友都反应一致吗？当然不是，士兵们不会全部服从命令。虽然你希望所有的士兵都能立刻跳起来和你一起冲，但通常和你一起冲的只有一小群士兵。所谓的第二排士兵，起来慢一些，跟在你后面，你只希望他们不要对你开枪。还有第三排，这群士兵似乎起不来——他们远远跟在后面。我经常问自己：哪一群士兵更健康？

矩　阵

根据福克斯的理论，矩阵是假想的关系网络，有四个交流层次。

> 矩阵中的每个人都参与它的创造，同时根据自身经验重新建立个人自己的主要网络环境……矩阵是共同的，是基础，它最终决定所有事件及其意义。

（Foulkes，1964：292）

---

① 囚监（Kapos）：又称为功能性犯人，指的是被纳粹党卫军委任监督集中营劳工的工作、承担管理任务的犯人。

亚团体对矩阵的认同程度影响了他们与外界敌人的情感关系。矩阵的高渗透性，使得亚团体极易受到人际的和超个人的交流以及情感流动的影响，也使矩阵具有很强的环境影响力。矩阵成员间隐性和显性的信息流动在家庭中也会发生。与团体类似，家庭可能为矩阵带来最好的影响，也有可能带来最具破坏性的结果。

"士兵"一词，我指的不仅仅是穿制服的、接受命令的人。这个词的内涵还包括人类在战争中的精神和身体体验，以及对矩阵中所有成员的影响。恐怖活动亚团体（terror subgroups）可看作一个士兵矩阵：一个女性自杀炸弹袭击者就像一名士兵，她生活圈里的妇女、儿童、老人就极有可能是战争矩阵中的一个个"士兵"。它所需要的只是焦虑、仇恨，以及一个可能会进一步集聚情绪的所谓"真相"。士兵矩阵，并不像诺伯特·伊莱亚斯（Norbert Elias, 1989）认为的那样，需要依托一个国家才能存在。国家似乎在很久以前就失去了对暴力的垄断，个人和大众、武器和身份在此交互影响，各种情绪交织在一起，引发战争。士兵、自由战士或恐怖分子只是执行矩阵所委派的暴力行为。

个体与其矩阵之间的关系也可以用福克斯的人格化范畴来描述，这意味着个体可以代表潜意识过程，并为其发声或行动。人格化或委派是一个非常复杂的现象；认同和投射性认同过程属于同一个相互影响的过程，但可能会造成不同士兵矩阵的不同表现（Rafaelsen, 1996）。当然，生存危机越大，离冲突越近，矩阵对成员和亚团体的影响就越强。我们也可以在学校课堂、社交软件及其他许多社会组织中见证这一过程，在这些地方，单一思维和大众化现象（Hopper, 2003）可在大多数情况下主宰团体的"思维"（Mind）。

这个团体有一个隐含的也常常是无意识的目标——效率：除需要在其他团体或组织中去完成一个人不能独自实现的目标之外，它还应该是能干的、有竞争力的、高成功率的。在最佳团队中可增加生存概率、赢得游戏或弹奏最美妙的音乐。效率功能与个人对团体的依赖相互作用，使个人动机服从于社会影响。汤姆·奥梅（Tom Ormay）将其概念化为团体本能的"社会我"[①]："一个就是没有"（Ormay, 2013）。

这种归属于最佳团体的倾向，意味着团体必须努力选择成员，确保并提升团体的效率。这样团体运作更好，同时破坏性也许更强：在矩阵面对生存危机时，若某些个人或亚团体被视为多余的甚至是危险的，这个选择过程可能给他们带来伤害。确实，个人或亚团体会边缘化、排斥甚至排除他人。边缘化（指排斥）和拒绝（指驱逐和破坏）之间有质的区别。在我们的集体无意识中，如果一个人被重要团体在情感上拒绝，则意味着他被驱逐到荒漠或冰天雪地。

行动迟缓的士兵拖延冲锋的例子也反映了矩阵的影响问题。团体对个体的绝对支配与个体可能的"自由选择"是一个连续统一体，这一点经常被提及。这里我谈论的是一个半意识过程，它不仅包括士兵和士兵矩阵之间的关系，而且还包括与所有认同大团体效率的矩阵成员之间的关系（Volkan, 2013）[2]。一个普通人真的有可能做出选择吗，即使是在被矩阵边缘化或被摧毁的威胁下？一种横向和纵向不同平衡的回归，在团体治疗中比在社会动力和大团体中能够更好更准确地被定义，这是不是一种发展？

本文无法详细展开对（士兵）矩阵、"社会无意识"（Hopper and Weinberg, 2011）与"集体无意识"（Mies, 2007；Scholz, 2014）关系的讨论，我也不会在这里讨论士兵的创伤或战时、战后社会创伤。相反，我更愿意尝试去理解士兵和他的社会之间的所谓"正常"关系，其实士兵和社会在矩阵

---

① 社会我（Nos）：汤姆·奥梅所创造的一个概念，Nos 是拉丁语的"我们"，具有以人类本能为基础的社会功能，与个体的自我并列。

斗争中都被"征召"了。

对团体的"团体分析"情感态度

在临床上，福克斯开始了他的团体分析工作，他可以直接感受到人际关系对疗效的影响。令他惊讶的是，他使用的团体方法居然可以如此简单地应用于诺斯菲尔德的士兵矩阵，也适用于其他矩阵。由此他进一步发展了"信任团体"的态度与理论，形成了对团体更开放、成员焦虑更少的福克斯式态度。

虽然"信任团体"这个态度比较复杂，但这种态度与我们在团体分析其他方法中看到的对团体的潜意识的恐惧有根本的不同。团体带领者运用这个对矩阵更友好的团体分析方法，减少了小团体和大团体成员的焦虑情绪。福克斯（Foulkes，1975c）甚至说，在大团体中，一些极具戏剧性的行为是"带领者制造的"："戏剧性的程度取决于团体带领者，更不用说痛苦的程度了"（Foulkes, 1975c: 265）。

长期以来，人们对个体治疗、小团体治疗和大团体治疗之间的区别并不十分了解。诺斯菲尔德的经验证明，尽管社交网络，即（士兵）矩阵，是可以得到治疗的，但大团体仍然让个体感到恐惧。这或许就是小团体治疗在团体分析治疗中保持垄断地位的原因？[3]

基础矩阵中，暴力的复杂关系耐人寻味。例如，在现实中"你不应该杀人"似乎并不适用于"基础矩阵"，基础矩阵是（交流、互动和理解的）基本的公共基础（Foulkes，1975b: 291）。亲近的人不应该被杀害（比如禁止重复该隐和亚伯的谋杀）；但若有政治敌人或为了自己的生存，即在一个受到战争影响和偏执 - 分裂情境下的士兵矩阵中，你有义务杀死敌方的团体成员。谋杀不仅是合法的，还唤起了集体无意识的强烈防御，以抵御面对敌人和痛苦产生的愧疚感、羞耻感或同理心。这就是电影《杀戮演绎》（*The Act of*

Killing，奥本海默导演，2012）想表达的本质。或者，如伏尔泰所说，"禁止杀戮；因此，所有杀人犯都会受到惩罚，除非他们大量杀戮，并吹响号角"。

以色列的士兵矩阵

在写这篇文章的时候，我越来越清楚地意识到，在以色列，我们一直生活在士兵矩阵中。以色列一次又一次面临被攻击的风险，多年来无论男人或女人都一次又一次被"征召"。军队的行动众所周知，关于战争的公开或隐秘的信息也无处不在。生活在危险中这一事实及其给人带来的情感冲击，不仅是军人，全国人民都能感受到。因此，在写本文时，上述理解都源自当时当地的经验（2014 年 7 月至 8 月）。其中一个例子是，集体认同诋毁敌人：坚决不与曾袭击过自己城市的代表谈判；否认因军队错误行为产生的羞愧和内疚，减少对非"政治正确"的同理心。

大团体中的攻击和退行

塞奇·莫斯科维奇（Serge Moscovici）在他的著作《群氓的时代》（*The Age of the Crowd: A Historical Treatise on Mass Psychology*，1985）中写道，大众传播影响了个体的退行。弗洛伊德认为，通过自觉成为团体的一部分，我们作为个体会退行。大众群体让我们变得神经质。莫斯科维奇认为，现代传播方式在众多相互联系的个体幻想的身份认同上创造了一个群体。[4] 沃尔坎（Volkan，2013）以类似的方式描述了他的"大团体身份"（large group Identity）概念。

科恩伯格（Kernberg，2003）指出退行有以下几个表征：例如，个人独立思考困难，或大众对个体和个性的憎恨和嫉妒倾向。比昂认为大团体只能从两条退行路径中择其一：（1）"依赖型基本假设团体"，他将其描述为自恋型退行团体；（2）"战斗－逃跑型基本假设团体"，他从中观察到一种偏执性退行行为（Bion, 1962; Kernberg, 2003）。

我的问题是：在个人与大团体接触时，实际上退行的历时性和情境性/特征性条件并不存在，我们真的可以就这种接触谈论退行吗？我们可以对亚团体的退行下定义吗？整个大团体或它的关系都退行了吗？会不会是与大团体的接触和大众的影响导致了完全不同的互动方式，而且这种不同愈来愈明显？有没有可能是与大团体的关系导致了一种质的差异？这种差异不是指退行或进步了多少，而是像一滴水，它十分钟前还是云朵或雾气的一部分。"自我非常迅速地退行到这些早期阶段，回到它的起源"（Foulkes, 1975cc: 267），这个过程有多快？很多人把"改变"（change）称为"退行"（regression）。我认为它并不是退行，因为它发生在短短几秒钟内，它不是"解离"（dissociation），应该被定义为一种不同的精神状态。不同的理解会影响它的转变。

如果我们处理退行，就必须从治疗的角度来进行——这正是我想挑战的治疗方法。例如，我们能治愈一个既不能被诊断为退行的、没有思想的，又不能被诊断为"自恋"或"完全依赖"的阿道夫·艾希曼①吗？如果我们把它理解为一种不同的心理状态，就可以使用一种实践性更强的方法，比如"行动中的自我训练"（Foulkes, 1968: 181）。

科恩伯格（Kernberg, 2003）将社会暴力解释为那些病态的领导人表现出的恶性自恋或偏执。在大规模宣传的影响下无结构团体和大众会退行，分裂成亚团体，然后通过再次融合形成一个大团体。这样的大团体能够忍受对

---

① 奥拓·阿道夫·艾希曼（Otto Adolf Eichmann，1906年3月19日—1962年6月1日），纳粹德国奥地利前纳粹党卫军少校，第二次世界大战中针对犹太人大屠杀的主要责任人和组织者之一，以组织和执行"犹太人问题最终解决方案"而臭名昭著，战后定居阿根廷，后来被以色列情报特务局（俗称摩萨德）逮捕，公开审判后被处以绞刑。

亚团体去人性化的肉体上的灭绝。指责那些领导者，我们就是在利用防御机制来推卸我们对暴力负有的集体性责任。

大团体矩阵中暴力的快速转变并不一定是退行性的；它们通常似乎证明了无意识恐惧和对权威的认同，这是一种"健康"的主要生存倾向和对大团体矩阵的自然理解，也是集体适应冲突情况时的需要。虽然这些步骤似乎并不明显，但进一步理解和研究潜在的过程非常重要。相比于"退行"这一概念，社会学家赖歇尔[①]（Reicher，1987）提出的术语"身份的改变"（change of identity）更契合我对大团体动力的理解。最有可能发生的情况是，大众对个体造成了情感压力（可以在团体分析设置中观察到，尤其是在大团体的早期阶段），这种压力会立刻推动个体放弃个人的其他身份，以适应大团体的基本认同与反认同。在这样的大团体中，即使是小孩子，似乎也懵懂地知道该如何表现。

这种动力的另一个重要的潜在机制是归属感的"两步"发展：人们渴望融入（Schlapobersky，2015），在第一步中他们发现，出于生存需求，归属于一个团体是非常重要的。在第二步中，他们似乎无意识地对被驱逐出团体感到焦虑，从而依附或服从矩阵的目标。在分裂之时，这些基本的人类立场、精神状态模式会被启动，而不是经历在大团体中的一次"退行"。

根据莫斯科维奇的说法，中世纪的鼓手可通过宣布最新消息把村民们立刻组成一个大团体。虽然信息传递的方式在变化，但实时信息对大众的影响是巨大的。广播、报纸、电视、脸书（Facebook）和推特（Twitter）可以在几秒钟内改变大团体的文化。

在士兵矩阵中，精神分析方法会这样解释：人的"退行的自我"是精神

[①] 史蒂芬·大卫·赖歇尔（Stephen David Reicher）是圣安德鲁斯大学（University of St Andrews）心理学教授。他的研究领域是群体行为以及个人－社会关系。

分析治疗的目标之一，需要在个人童年内化的水平上进行干预。在个人治疗的设置中，我们通常可以看到这样的状况，但在大团体和大众情境中则完全不同。之前提到的"行动中的自我训练"（Foulkes, 1964: 82）是另一种治疗方法，也可用于大团体分析，来练习在"自我"和"社会我"的连续统一体中的转变。参与大团体设置，可以促进亚团体和个人进行反思，尽快适应他们与大众、社群甚至与国家的关系。团体分析有其独特的乐器，包括带领者在内的参与者可在相互影响的矩阵中"弹奏"。我们的临床经验是，在大团体中，参与者不仅对身份的社会属性有更多的觉察，而且在与他人和大众对话时也有更多的选择。

关系中的病理性和矩阵

福克斯认为，所有心理疾病的"定位"不是在个体内部而是在有关联的人与人的空间中发现的（Foulkes，1948）。福克斯的观点是，病症是人际关系问题，许多临床医生较认同这个观点，即使我们害怕为他人的疾病共同承担责任。下面我将讨论两种这样的人际关系病症，统称为关系障碍，与人际暴力直接相关。第一种关系障碍发生在矩阵抑制攻击性时；第二种关系障碍表现为对他人和自己的极端暴力，以自我牺牲来表现对敌人的攻击。拒绝关系障碍与士兵矩阵有许多相似特征，尤其是内疚、羞耻和同理心的减少。这些情绪会抑制暴力行为，因而它们的缺乏会促使杀人冲动、施虐和其他暴力行为的发生。在第二种关系障碍中，自我受到困扰，矩阵提倡个体放弃自我，甚至牺牲自我——这通常发生在大规模暴力情境中。士兵矩阵的特点在团体中表现为抑制暴力机制的减少、宣扬建立无私关系这两种现象。一些基本的、部分无意识的致病性情绪，如感觉被拒绝、生存受威胁，对我们的行为有根本的影响。使用防御机制来抵消焦虑是有代价的。这个代价往往是失去人的个体特征，失去包括同理心在内的其他社会情感，而变得"过度认同"某个社会事业、"认同攻击者"（Freud, 1936）。这些情况在士兵矩阵中很常见。

只有作为人际攻击关系"定位"的矩阵发生变化，个人和亚团体才会考虑是否使用武力，是否对抵制暴力负责。在这种情况下，士兵及其亲属，甚至整个社会文化可能会慢慢意识到，他们也许能离开士兵矩阵进入更自由的关系之中。这涉及一个疏离的过程，以重新获得对所犯罪行感到内疚和羞愧的能力，重新产生对受害者的同理心，这是至关重要的。一个典型例子是，德国战后一代人一直难以涵容近代史中痛苦且迟来的哀悼和衰落。

关系障碍

阿加扎里安① 在团体发展动力的研究中提到了四种"涵容角色"（Agazarian，1994），它们分别对应团体发展的四个阶段，每个阶段都需要处理那些未曾处理好的情绪。我在她的研究基础上，尝试描述了这四种关系障碍。我没有把注意力放在"容器"的病理学上，而是创造了一个完整的"构型"② （Foulkes, 1948）——团体动力中（无序）的一组关系。我们也可以把这些关系障碍看作冷凝器现象③，这种现象几乎只存在于团体互动中。这四种关系障碍似乎需要在团体治疗中进行才能获得最佳疗效（Friedman, 2013）。在这四种关系障碍中，我将集中讨论两种相关的关系障碍：拒绝障碍和自我关系障碍。

---

① 伊冯娜·M. 阿加扎里安（Yvonne M. Agazarian，1929 年 2 月 17 日—2017 年 10 月 9 日）：美国培训和督导系统中心疗法治疗师、系统中心疗法培训与研究院的创始人，在美国宾夕法尼亚州费城执业。

② 构型（figuration）：诺贝特·埃利亚斯（Norbert Elias）提出的概念，旨在描述人类经历的内在联系，而不是先把人类划分为个体或团体。构型的概念限制了我们的思想和团体的行动（参考《心理动力学团体分析——心灵的相聚》）。

③ 冷凝器现象（condenser phenomena）：指团体放大并浓缩团体成员们的互动，并将其用共同的象征化符号与比喻来表达，起到了冷凝器的作用（参考《心理动力学团体分析——心灵的相聚》）。

拒绝障碍

"找替罪羊位置"（Scapegoating Position）可以理解为一种特殊的团体"构型"，因为团体中的人际关系无法涵容暴力。"替罪羊"，害怕被拒绝，为了能够归属于团体他们竭尽全力；"咎羊者"①，对一个（讨厌的）团体成员或亚团体发展出部分无意识的暴力动力——"替罪羊"和"咎羊者"之间的关系不能被团体所涵容。因此，替罪羊可能被拒绝，被排斥。如果替罪羊没有融入团体的需求，如果替罪羊没有为了避免被拒绝而逐渐接受针对自己的暴力，这种病症关系就没有发生的动力。在这个循环过程中，咎羊者拒绝、驱逐团体成员的动机，与替罪羊对归属感的无意识需求以及对被排斥的日益增长的恐惧达成了共谋。

迪克斯（Dicks，1972）对被囚禁在英国的德国纳粹集中营守卫进行过调查。这些集中营守卫一方面服从于他们认同的党卫队②对集中营里囚犯的任意处置，让他们命悬一线——残酷无情、毫不迟疑且毫无罪恶感；另一方面，他们这种咎羊者没有罪恶感、没有羞耻感、没有同理心的精神病症只发生在特定的矩阵中。迪克斯证明，在他们的"社会系统"中，也称"咎羊者矩阵"（或"拒绝障碍"）（Friedman, 2013）中，这些人身上有许多明显的人格障碍症状，但在其他情境下，这些人既不危险也不暴力。5 也许成为一个精神病病人不需要有病理性的因素，因为疾病取决于矩阵和团体中的关系。这可能在一定程度上回答了这个问题：士兵们是如何生病的？

---

① 咎羊者（scapegoater）：指将责任或者过错转移给别人或者别的团体的人，也就是寻找替罪羊的人。

② 党卫队（德语：Schutzstaffel）：也称"亲卫队"，是纳粹党的纪律检查组织。在纳粹党的执政时期，该组织对纳粹党内执掌纪律检查，对纳粹党外维护其领导并执掌对德国国家机构的忠诚审核，整顿德国社会上被其认为反党反民族的错误事物，同时监察德国境内各领域的思想纲领等工作。

事实上，我们在拒绝矩阵中所目睹甚至效仿的仇恨和暴力，比我们愿意承认的更多。哈姆·施特尔（Harm Stehr，2013）在波恩的一次会议上描述了学校教室场景一个典型的构型例子（"找替罪羊位置"）。小时候，他目睹了一位同学被拒绝的过程。这个团体即将驱逐一个看起来地位低下、"不合适"的成员，这可能是一个效率运作（如前文所述）的结果，它决定了这个团体的选择。同样，团体要成为精英的队伍，就像球队一样，有主力球员、替补球员和那些被球队拒之门外的球员。在施特尔的叙述中，当时没有一个同学认同受害者或进行干预。事实上，我们每个人都庆幸自己不是那个替罪羊。在团体分析治疗中，我们从各个相关方面入手来治疗关系障碍，理清隐藏的拒绝焦虑与仇恨和暴力之间的关联。[6]

"找替罪羊位置"这一概念超越了第二次世界大战后几十年来"替罪羊"的经典含义，当时的替罪羊被认为是投射甚至嫉妒的对象（Garland et al., 1973）。找替罪羊现象不仅有对弱者和强者的仇恨，有对拒绝敌人、消灭敌人的强烈愿望，还有让情绪猛烈爆发的倾向。[7]这种现象中替罪羊无法将自己从行凶者团体的归属愿望中分离开。找替罪羊位置就是真正的"行动中的仇恨训练"（Foulkes, 1975bb，"行动中的自我训练"）。大团体中的破坏性例子不胜枚举：纽伦堡法案[①]实施前后的德国矩阵、夏甲和以实玛利被驱逐到沙漠，只是其中的两例。又比如，对所有在上次加沙战争中起关键作用的以色列"叛徒"，甚至对那些认同度不够的人的拒绝威胁也是如此。

自我关系障碍

这里讨论的第二种关系障碍描述的是自我的病理性发展。当团体成员过

---

① 纽伦堡法案包括《德意志公民法》和《德国血统及荣誉保护法》。这些法律反映了纳粹思想背后的许多种族主义理论，将犹太人排斥在德国之外，剥夺了大多数犹太人的德国国籍，完全剥夺了犹太人的政治权利，甚至犹太人嫁给雅利安人也是非法的。

度认同矩阵时，无论男性或女性都会让自己的利益和动机屈从于团体的需要或意愿。这种丧失自我的症状不同性别有不同表现：女性无私地为他人服务，男性在冲突中以"英雄"自居甚至牺牲生命（Agazarian, 1994）。无私的主角，无论男女，都被教育或被引诱作自我牺牲，并得到"自私"粉丝的狂热支持。

那些感到沮丧抑郁或生活在无所不能幻想中的病人，备受这种关系障碍的困扰。自我抛弃（self-abandonment）会招来矩阵中团体施虐式的暴力行为。在这样一个矩阵的团体中生存下来，被认为是一种无私的、自杀式的士兵奉献，这种奉献可能延及所有人。在关于对父亲形象的无意识幻想中，无私的士兵为了保护他们的孩子的种种壮举对孩子的发展产生了深远的影响。健康的"原初父性贯注"（primary paternal preoccupation），与"原初母性贯注"（primary maternal preoccupation）（Winnicott, 1956; Doron, 2014）一样，可以支撑个人成长，对这个世界建立信心。可见，社会情境中"无私"功能复杂，其中的一部分甚至被视为"正常"。

下面是一个梦可以涵容无私关系障碍中"典型的"攻击和自杀倾向的案例。

以色列团体分析研究院（IIGA）在恩戈地①基布兹②组织了一次会议，作为这个大团体的一员，我提议为我们（以色列人）提供更强的安全感。我提出，只有拥有安全感，我们才能与敌人进行对话。我说："我们不要继续好像还在奥斯威辛门口一样的生活。"人们对此反应不一，我自己也陷入痛苦之中：因为我触碰到那个令人痛苦的禁忌。

那天晚上，我做了一个梦，至今还栩栩如生：阿拉伯人征服了以色列，

---

① 恩戈地（Ein Gedi，也作 En Gedi）：意思是"孩子的春天"，是以色列的自然保护区，位于死海西部，靠近马萨达和库姆兰洞穴。恩戈地在 2016 年被列为该国最受欢迎的自然景点之一，每年吸引大约 100 万名游客。
② 基布兹（Kibbutz）：以色列的一种常见的集体社区体制，以务农为主，现在历经转型，兼事工业和高科技产业。

111

我们战败，被敌人层层包围。我和家人逃到一处干河谷。我的孩子们好像还小，和我现在的孙子们一样大。一切都是绿色的，就像现在冬天的景象。还有其他几家人和我们一起。叙利亚军队正在逼近，情况危急，我知道等待我们的必定是一个"坏结局"。为了保护家人，我决定在一个看起来像油箱的东西上把自己炸掉，我相信这样做可以阻止敌人的进攻。一位德鲁兹①军官愿意协助我。我离开时妻子眼中忧伤的神情我至今都还记得。幸运的是，命运扭转了，一支救援部队及时到达（我想他们是俄罗斯人，如同他们当年降临奥斯威辛集中营门口一样）。

不用说，这样的梦有很多含义。我想在这里强调的是自我牺牲的倾向，这种自我牺牲对男性来说似乎不是病症的，而是自然而然的。牺牲的问题，可以纳入自我关系障碍的范畴，是本章要讨论的重点。从我祖父、叔叔在第一次世界大战中的英勇牺牲，到那些认为养育下一代士兵至关重要的女性，梦想和现实中的牺牲构成了士兵矩阵的核心部分。士兵生病了吗？神风敢死队②飞行员以及其他对无私的矛盾态度清楚地表明，尽管自我牺牲很容易使士兵和全体人民陷入暴力的海洋，但它可能仍然是家庭和社会生活中自然的一面。

德国与士兵矩阵的关系或早期认同发生了什么？我想和你们细细分享一些关于今天的德国矩阵和战后士兵矩阵的想法。有时，一个局外人，不管他与矩阵有什么联系，可能会在讨论中引入一些不同的观点。

---

① 德鲁兹（Druze）：阿拉伯人的一支。

② 神风敢死队：日本神风特别攻击队，美国军方通称"Kamikaze"（神风特攻队）。第二次世界大战末期，日军为了对抗美国海军，利用日本人的武士道精神，针对美国海军舰艇编队、登陆部队及固定的集群目标实施的自杀式袭击的特别攻击队，意在以最少资源造成最大破坏。

在以色列，巴勒斯坦难民的悲剧"巴勒斯坦人大逃亡"①，是作为我们士兵矩阵的一部分并对矩阵产生影响的一个例子。这种影响的一种前意识（pre-conscious）是希望禁止它。接受自己是受害者很容易，困难的是接受我们都是施害者这一事实。我们可能生活在海法或特拉维夫，但我们在无意识中与安曼和贝鲁特难民营里的难民共享一些东西，我们通过这些东西互相联系。在这片土地上，没有人能真正幸免，因为矩阵包含了一切：邪恶的、不那么邪恶的、善良的。但处于士兵矩阵中，这些影响受到对抗，被分裂。分裂的结果就是对任何处理难民问题的恐慌或回避。与之类似，以色列上届选举的分析人士认为，利库德集团②是在"被左翼驱使的大批有威胁性的阿拉伯选民"引起的毁灭恐惧中赢得选举的。[8] 湮灭焦虑是所有士兵矩阵中的驱动引擎。

直到最近，德国矩阵仍可被视为士兵矩阵。如果我们相信有无意识的人际交流，那么很明显，整个士兵矩阵既了解肇事者也了解受害者，了解参与制造大屠杀的人，也了解那些自己家园被轰炸的德国人。前线和家园在地理位置上可能很遥远，但从 2001 年在德国引起广泛争论的"国防军博览会"③上，我们可以观察到，在战争中，平民和军队没有明确的分界线，包括像党卫军这样的军队组织——他们都是同一个矩阵的一部分。即使战争结束，与士兵矩阵过近、过度卷入等现象也是无处不在的——对纳粹系统的认同至少又持续了 20 年。经历过"净化"（purification），也努力与其他恐惧来源分离，

---

① 巴勒斯坦人大逃亡（Nakbah）：巴勒斯坦人大逃亡发生在 1948 年巴勒斯坦战争期间，70 万巴勒斯坦阿拉伯人（约占战前巴勒斯坦阿拉伯人口的一半）被逐出或逃离家园。此次大逃亡被巴勒斯坦人称为"纳克巴"（意为"大灾难"），是整个族群碎片化、丧失资产及土地和流离失所的核心。
② 利库德集团（Likud）：字面意思是"巩固"，正式名称是利库德－全国自由运动，以色列主要政党之一，是最大的右翼保守主义政党。
③ 德国国防军展览（Wehrmacht - Exposition, 德语为 Wehrmachtsausstellung）：又称"德国国防军罪行展"，聚焦于第二次世界大战期间德国国防军（德国国家武装力量）的战争罪行。

士兵矩阵依然存在。说到这里，我当然并不认为士兵矩阵就能解释大屠杀中的所有暴行。处于战争和压力中的其他社会同样生活在士兵矩阵中，但这些社会没有发生这种极端的毁灭性事件。

反士兵矩阵？

似乎德国对军装男子的禁忌，使目前矩阵中对暴力的处理结果产生了疑问。20世纪60年代之后，整整一代人经历了一场强烈的情感波动，从士兵矩阵到反士兵矩阵——这是与以前的身份认同决裂的必要过程。与其他社会类似，去身份认同从各个方面打开了通往另一个矩阵的大门。在这个矩阵中，代际传递的羞耻感和罪恶感，在这个去身份认同过程中被允许得以精细加工。子孙后代代替他们的父辈受苦。对与德国士兵的关系去理想化可摆脱以前的身份认同。就像一个损坏的容器，德国士兵再也承载不了禁忌的力比多欲望。将曾经在士兵矩阵中感受到的每一种身份认同转化为去身份认同的客体，具有潜在的教育和社交功能。这种关于身份认同变化的假设可以在分析性团体中进一步印证。

在一个把暴力正当化的矩阵中作战至1945年的那些士兵，战后无法处理战争给自己带来的伤害。霍尔格·普拉塔（Holdger Plata）说："战争时期的儿童，受到了两次污染。它是由战时和战后以及德意志联邦共和国成立后的前20年的经验决定的。"（Plata，2004: 220）我对这一说法的解读是：第二次世界大战后的前20年仍然是由归国士兵矩阵和德国战争的惯习（habitus）所决定的（Elias, 1989）。这个社会继续否认羞耻和内疚。直到20世纪60年代，这个社会的同理心才开始发展。那个年代，战争的下一代才会有意识或无意识地为上一辈犯下的罪行感到内疚，不再逃避"集体耻辱"。此时，人们才开始与自己的国家、父母，社群、军队和教育系统距离化，从而改变自己的矩阵。总结过去几年我与德国人（个体治疗和团体治疗中）关于与士兵矩阵距离化的过程的对话，我想说：

对军队和战争的否认似乎多表现为分裂 - 偏执（而不是抑郁）行为，他们试图逃离退伍军人的矩阵。此外，这种否认还表现为弑父、报复父母的行为，有时是对亵渎的愤怒情绪。但是，在许多德国战犯子女的身上也可以观察到相反的情况：对于父母被指控犯有战争罪行的焦虑认同（往往是无意识的）导致整个历史被士兵矩阵的禁忌所抑制。一般来说，为了"净化"而与父母分裂、保持距离（Volkan, 2013）是对羞耻和内疚的基本防御方式。最后，去身份认同也可能是某种程度上的无意识尝试，以终止无数前辈的攻击性病症的士兵矩阵。而在分析性团体中讲述的梦常常可以让我们了解这些复杂的过程。做梦和述梦为我们提供了机会，采用这两种方法来处理具有威胁性的问题：通过净化与邪恶距离化，努力弥合分裂，打开困难情感的倾诉通道。

去身份认同是社会发展的最重要的促进因素之一。去身份认同具有与母子二元关系类似的重要的分离功能。矩阵的凝聚力越强，与士兵矩阵的分离过程就越复杂。对（创伤后）上一代的背叛和可能丧失的"原初父性贯注"（primal paternal concern）成为议题。曾作为士兵团体一员的父亲（往往还有母亲），共同经历了恐怖的战争，也期待和下一代团结一致。

因此，我们可以理解，战后出生的这一代人通过对德国士兵矩阵的去身份认同，取得了多么巨大的心理成就。羞耻感、内疚感和同理心只能由年轻一代重新建立。

在德国，在去身份认同的驱使下，"非挑衅"的文职人员对军营进行监视。因而穿军装的士兵转变为"挑衅"因素，他们是对新的德国身份的一种真切的威胁。这些问题可以在团体中得到进一步反思，因为团体往往是暴力情绪的起源，也是被否定的情绪得以修通的地方。

转　变

士兵的病症既不比他们生活的矩阵更严重，也不比矩阵更健康。矩阵委派给他们的权力是以共识的形式存在的，特别是在与外部敌人战斗时。社会和士兵矩阵之间无分裂之说，战乱地区越民主，士兵矩阵中进行社会和军事对话的可能性就越大。若分裂持续则需要进行冲突对话，例如在北爱尔兰，在对话中，"敌对"双方为了了解对方进行协谈。双方在场承认自己的艰难，可以帮助对方重新找到共情的空间。政治协议和法律无法阻止士兵矩阵对文化的支配，也不会阻止其回归。

2013年，我与北爱尔兰的"敌对"党派合作，他们把当时的情况称为"未竟之事"。他们曾邀请国际对话倡议[9]组织一次各种族、警察、军事辅助人员的政治代表和民间代表的会议。会议强调的主题是，士兵矩阵不会因有政治协议而让步。要终止社会冲突可能需要几代人的持续努力，如果不进行干预不引入和构建对话机制，社会冲突永远不会真正停止。直接接触解决社会冲突可能更有效，而拉大距离则会使分裂和去人性化的程度加深。在不同的冲突领域中我意识到，将若干个个体接触整合进大、小团体中，可能会引起巨大的转变。纯个体接触通常是不够的，必须进入小团体并由小团体中的冲突对话来支持，辅之以（不太大的）大团体来促进各社会身份人员的交流。由于最终是矩阵主导个人的情感思维模式，所以对话过程必须得到大团体的支持，因为大团体才有能力将其与士兵矩阵分离来改变矩阵文化。

分析性大团体提供了一个空间，我们可以在这里学习处理身份认同和被社会拒绝的基本社会性恐惧。因此，在大团体我们可以学会和锻炼与权威的分离。也许民主教育的最佳补救措施是前文提到过的大团体中的"自我训练的行动"；它可以引起一种在连续统一体中的移动，一边是与大团体身份的完全融合焦虑，另一边是与大团体完全分离被孤立和被拒绝的焦虑。每个士兵矩阵中都有一种强烈的认同需求。因而，在分析性大团体中，不断练习可以增强自我表达的勇气，不过有时也会失去身份认同。在短期内，它会导致团体成员对权威产生偏执性对抗。从长远来看，它可能给其成员带来挑衅和反叛的自由，也可能抑制集体性暴力。民间和政治领袖可能成为集体容忍制度性暴力的榜样，像拉宾与阿拉法特的握手就可以改变很多。不幸的是，政治家也可以成为仇恨、报复和距离化的"榜样"。鉴于此，希望有更多的人长期参与复杂的分析性团体工作。

注　释

1. 本章内容曾在《团体分析》期刊中发表。Friedman, R. (2015). A Soldier's Matrix: A Group Analytic View of Societies in War. *Group Analysis*, 48(3) 239–257.

2. 沃尔坎的"大团体"往往指一个国家或者是有身份认同基础的实体。在这篇文章中，我将把它与我所说的大团体区分开来。本章涉及的大团体有几十到几百个参与者，有一个或多个带领者（Wilke, 2014; Friedman, 2012）。

3. 这是否就是埃利亚斯被遗忘了这么久，德·马雷（de Maré, Piper and Thompson, 1991）被边缘化的原因？例如，对精神疾病的团体分析态度仍然以个人为主导，将其社会和关系障碍边缘化。

4. 霍普（Hopper, 2003）认为大众的影响分为两种：大众化与集约化、合并与分裂。

5. 他们都是没有任何家庭创伤，像我们大多数人一样，在当时的"正常"教育环境中成长起来的人。

6. 说明：在我童年期，我可以无意识地认同我母亲的替罪羊一面。几年前，我们和她一起回到她长大的泽布斯特（Zerbst，柏林以南约 60 公里的一个小镇），在那里，这种特质变得容易理解。她出生于 1923 年。12 岁时，她被学校开除了，可能与哈姆·施特尔被学校拒绝的经历类似。后来，两个德国同学也禁止她去玩，之前她们放学后常在一起。她们的父亲从集中营回来后遍体鳞伤。她们告诉我的母亲："丽塔，你以后别来了。"可能仅是出于对替罪者的恐惧，而不是因为憎恨。1936 年后，随着"雅利安运动"法令的颁布，社会状况变得更加糟糕。我母亲常常提起她是如何被禁止参加各种体育运动的；到了最后，她只被允许打乒乓球，直到这项亚洲运动成为雅利安人的运动。被社会拒绝是替罪羊一生的痛，而在拒绝者比如士兵那里，它可以生成终生的仇恨。

7. 参见电影《杀戮演绎》（*The Act of Killing*）。

8. www.slate.com/blogs/the_slatest/2015/03/17/netanyahu_arab_voters_at_polls_in_droves.html

9. 国际对话倡议（International Dialogue Initiative），网址 www.internationaldialogueinitiative.com

参考文献

The Act of Killing. (2012) Director: Joshua Oppenheimer. Distributed by Final Cut for Real, Worldwide. Voltaire. www.quotationspage.com/quote/30833.html.

Agazarian, Y. M. (1994) The Phases of Group Development and the Systems-Centered Group. In V. L. Shermer and M. Pines (Eds.), *Ring of Fire* (pp. 36–86). London: Routledge.

Bion, W. R. (1962) *Learning From Experience*. London: William Heinemann. Reprinted Seven Servants, 1977.

de Maré, P., Piper, R. and Thompson, S. (1991) *Koinonia: From Hate, Through Dialogue to Culture in the Large Group*. London: Karnac Books.

Dicks, H.V. (1972) *Licensed Mass Murder: A Socio-Psychological Study of Some SS Killers*. London: Heinemann.

Doron, Y. (2014) Primary Maternal Preoccupation in the Group Analytic Group. *Group Analysis*, 47(1): 17–29.

Elias, N. (1989) *The Germans: Power Struggles and the Development of Habitus in the Nineteenth and Twentieth Centuries*. New York: Columbia University Press.

Foulkes, S. H. (1948) *Introduction to Group Analytic Psychotherapy*. London: Heinemann. Maresfield Reprint, Karnac Books: London, 1991.

Foulkes, S. H. (1964) *Therapeutic Group Analysis*. London: Karnac.

Foulkes, S. H. (1968) Group Dynamic Processes and Group Analysis. In E. Foulkes (Ed.), *Selected Papers of S. H. Foulkes: Psychoanalysis and Group Analysis* (pp. 175–185). London: Karnac, 1990.

Foulkes, S. H. (1975a) The Leader in the Group. In E. Foulkes (Ed.), *Selected Papers of S. H. Foulkes: Psychoanalysis and Group Analysis*. London: Karnac, 1990.

Foulkes, S. H. (1975b) *Group Analytic Psychotherapy: Method and Principles*. Gordon and Breach, Reprinted London: Karnac, 1986, 1991.

Foulkes, S. H. (1975c) Problems of the Large Group. In E. Foulkes (Ed.), *Selected Papers* (pp. 259–269). Karnac: London, 1990.

Freud, A. (1936) *The Ego and the Mechanisms of Defense* (Vol. 2). London: Karnac, 1992.

Friedman, R. (2012) Conducting a Large Group: Is It 'Informative' or Is It Also 'Transformative'? Comments to Teresa von Sommaruga Howard's Large Group in New Zealand. *Group Analysis*, 45(2): 263–268.

Friedman, R. (2013) Individual or Group Therapy? Indications for Optimal Therapy. *Group Analysis*, 46(2): 164–170.

Garland, J., Jones, H. and Kolodny, R. (1973) A Model for Stages of Development in Social Work Groups. In S. Bernstein (Ed.), *Exploration in Group Work* (pp. 17–71). Boston: Milford House.

Hopper, E. (2003) *Traumatic Experience in the Unconscious Life of Groups*. London: Jessica Kingsley Publishers.

Hopper, E. and Weinberg, H. (2011) *The Social Unconscious in Persons, Groups and Societies: Volume 1: Mainly Theory*. London: Karnac.

Kernberg, O. (2003) Sanctioned Social Violence: A Psychoanalytic View, Part I. *International Journal of Psychoanalysis*, 2003(84): 683–698.

Mies, T. (2007) Der Unterschied in der Gruppe. Heterogenität in der Gruppenpsychotherapie. *Gruppenpsychotherapie und Gruppendynamik*, 43: 21–33.

Ormay, T. (2013) *The Social Nature of Persons: One Person Is No Person*. London: Karnac.

Platta, H. (2004) Zwischen zwei Fronten – immer noch? Anmerkungen zur 'Kriegskinder' –Debatte und zur Rolle der 68er Generation in ihr. S. 211–126. In H. Radebold (Ed.), *Kindheiten im Zweiten Weltkrieg und ihre Folgen*. Giessen: Psychosozial-Verlag.

Rafaelsen, L. (1996) Projections, Where Do They Go? *Group Analysis*, 29 (2) : 143–158.

Reicher, S. D. (1987) Crowd Behaviour as Social Action. In J. C. Turner, M.A. Hogg, P. J. Oakes, S. D. Reicher and M. S. Wetherell (Eds.), *Rediscovering the Social Group: A Self-Categorization Theory* (pp. 171–202). Oxford: Basil Blackwell.

Schlapobersky, J. R. (2015) *From the Couch to the Circle: The Routledge Handbook of Group-Analytic Psychotherapy*. London: Routledge.

Scholz, R. (2014) (Foundation-)Matrix Reloaded – Some Remarks on a Useful Concept and Its Pitfalls. *Group Analysis*, 47 (3) : 201–212.

Stehr, H. (2012) Lecture at the D3G Conference. Bonn.

Stehr, H. (2013) Wege und Auswege von Hass und Destruktivität in Gruppen. *Gruppenpsychotherapie und Gruppendynamik*, 49 (4) : 331–349.

Volkan, V. D. (2013) *Enemies on the Couch: A Psychopolitical Journey Through War and Peace* (pp. 138–139). Durham, NC: Pitchstone Publishing.

Wilke, G. (2014) The Large Analytic Group and Its Conductor. In G. Wilke (Ed.), *The Art of Group Analysis in Organisations: The Use of Intuitive and Experiential Knowledge* (pp. 83–128). London: Karnac.

Winnicott, D. W. (1956) Primary Maternal Preoccupation. In D. W. Winnicott (Ed.), *Through Pediatrics to Psycho-Analysis*. London: Tavistock Publications, 1958.

8

国际冲突的团体三明治模型 [1]：

以大团体作为社会发展的空间 [2]

引　言

　　三明治模型是为了应对受困扰社区中的冲突情况而设计的。它既有小团体的相对安全性又有大团体的社会特征。大团体可以提供最大可能让参与者面对面接触，80 位至 300 位甚至更多的参与者在正确的带领下可建立独特的社交对话。如此强有力的语言体验，尤其是非语言体验，让参与者直接接触他人的观点，他们也能表达自己的观点。设置在两个小团体治疗之间的大团体互动，具有将仇恨转化为共存且遏制暴力的独特潜力。如果社交媒体未能成功应对冲突，那么参与者的所见、所感以及对话的进展所带来的"魔力"就尤为重要。

　　人类是社会性的，受融入、排斥和拒绝所驱动。不同的人际设置，从二元空间到小团体和大团体，都为关系中不同的应对需求提供了潜在的空间。小团体无意识地保持抵御排斥或拒绝的家庭式承诺，使转向小团体的参与者在表达冲突的同时感到安全。那么，拥有完全不同氛围的大团体很可能提供了另一个特有的机会——在不太安全的社会团体中表达冲突并进行对话。如果可以推动大团体公开讨论一些问题，如团体内部的立场，或者关于拒绝、被团体驱逐、消灭，以及其他更具体的引起焦虑和仇恨等问题，那么这将是修通冲突的开始。然后参与者再从大团体回到小团体中，形成三明治工作模型，可为理解和应对分裂、仇恨的社会动力提供新的机会。

无私的态度，以及社会和权威主义式的控制，都会得到精细加工。被小团体的相对亲密安全感所包围的大团体，这个神秘的空间可能是与极端主义和狂热主义对话的最佳场所。我们需要的是"面见"（FaceLOOk）而不是"脸书"（FaceBOOK）。"面见"可以启动内疚感、羞耻感和同理心等抑制暴力的机制；而在"脸书"中，情感距离造成的争斗无休无止。在面对具有威胁性的"群体"面前，使用恰当的方式发出声音，以及在大团体中学习从无边界的混乱转向与群体和权威的对话，这些都是一些发展出的成就。

适用人群

该模式既适用于专业人士，也适用于冲突中的非专业人员，例如战争期间的乌克兰、北爱尔兰的政治家和领导人，以及德国人－犹太人对话参与者。在学校，在村庄和基布兹，学生、村民这些非专业参与者学习了小团体模式，尤其是在大团体中发声的方式。最小的参与者可能比我们想象的还要小——据我所知还不满 15 岁。

干 预

当十几名带领者来到村里，约百名参与者在那里等候。在接下来的一场是否接受昔日的敌人与他们一起生活的争论，使他们积攒已久的情绪一触即发。

在 15 分钟介绍环节中，带领者向参与者介绍了三明治模型的优点和难点，鼓励他们积极参与；也向他们解释参加小团体是为参加大团体做准备、大团体的目标以及加入后可能引发的焦虑，为了最终达成对话，应放下所有顾虑，自由交流。

小团体（1小时）帮助参与者找到自己的声音，并准备好以开放的态度应对不同的观点。

在这之后，11个小团体组成了一个大团体（1小时10分钟）。在这个大团体中，人们以非常个人化、情绪化的方式来为其社会政治立场发声。这些发声既触发了强烈的感情，唤醒了人们对不同或相似观点的意识，也使愤怒和对立情绪一触即发（见图1）。

暂停后（20分钟），进行简短的团体治疗（30分钟），安抚那些刚才在大团体中感觉受到威胁的人。那些未来得及谈及的问题也可以在这里表达。接下来是15分钟的结束环节，可做更有意义、更重要的发言，干预到此结束（见图2）。

高度专业的带领者引领团体思考和消化村里的一些主要问题。带领者鼓励他们大胆发言，不要一人自说自话。所有的带领者都认同这种团体分析方法：大团体中呈现的不一定是潜在的精神病性症状，它可能有助于建立坦诚的对话。在一些干预环节中，小团体可以由受过训练的成员带领，他们可为暴露出的冲突提供安全的缓冲区。

来访者的普遍回应

绝大多数参与这种三明治模型干预的反馈都出人意料的积极。虽然许多人一开始对当晚的大规模"团体性"感到不知所措，普通民众对大团体了解甚少。但许多人写道，他们意识到了社区的冲突和裂痕。在接下来的几天到几周里，三明治模型仍在继续工作。我认为需要几个月的时间才能看到三明治模型干预的力量。最重要的反馈是，暴力事件至少在一年内没有卷土重来。

结　论

不过，法律协议（如高等法院的裁决或"贝尔法斯特协议"）仍然让那些不得不与"他者"在一个社区生活的人遭受一贯的敌意，留下难以接受的刻板印象和分裂、排斥的倾向。为了处理"未竟之事"，如果能够在社会上持续应用，三明治模型将是一个极好的解决方案。

禁　忌

对于参与者来说，这个大团体的互动过程非常复杂，必须由专业带领者领导，因为他们有建设性的方法。尽管表面上看，个人可以很自然地面对各种大众团体，但对于大多数参与者来说，在大团体中失去亲密安全感（intimate security）让人不快，具有威胁性。带领者还必须看到大团体所提供的发展机遇。在参与者对大团体更加熟悉、不那么焦虑之前，处理阻抗是工作的一部分，即使从一开始，许多参与者就一致认为大团体为政治和社会提供了一个最佳的实践空间。

将大团体视为一个可以发展对话的空间，而不只是必然会呈现攻击性和暴力的地方，这个转变会让团体分析工作变得更加迷人、富有变化。如果认定大团体内攻击性强，那么不仅无法研究它，反而会引发更多的暴力。至于群体的黑暗面，在大团体中不需要刺激或过多解读就能显现出来。

注 释

1. 暂用名，该名词较亲切。

2. 本章内容曾发表于《101 项团体心理治疗干预》。Friedman, R. (2016) The group sandwich model for international conflict using large groups as a social developmental space. In: S. S. Fehr (Ed.) *101 Interventions in Group Psychotherapy* (pp. 83–85). New York: Routledge. The 42nd Foulkes Lecture – May 2018.

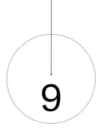

9

超越拒绝、荣耀和士兵矩阵：

我的团体分析的核心 [1]

引　言

人是"社会性"生物。我认为，通常情况下，从归属感的根源上来说，拒绝焦虑可能是"最基本的"人际关系动机。无论在社会上多么成功，没人能逃得过被拒绝的焦虑。我们所有人都有能力去驱逐、分裂、摆脱、甩掉和排斥他人。[2] 临床经验和研究（Urlic，2004）[3] 表明，拒绝会威胁分析性团体的存在，而融入和安全感则可促进团体内的情感交流。我把融入与个人荣耀联系在一起，"融入"使人有荣耀感。融入团体和社区给人带来成功、满足和健康的体验，因此"融入"问题必须在团体中治疗。

下面的临床案例来自我的分析性团体，呈现了拒绝焦虑与融入安全、创伤与荣耀之间的对话。团体每周会面一次，已持续几十年。有 7 名成员，4 名女性、3 名男性，年龄在 32 岁到 77 岁之间。在暑假后的第二次会面中，其中一人缺席。一位颇显紧张的成员迫不及待要发言。

A（女性，42 岁，阿拉伯人）：今天我来开头，我很痛苦。我和丈夫比以前更疏远了。我也被一个年轻人吸引，他在隔壁大楼工作。

B（女性，32 岁，犹太人）：我非常渴望一段真正的关系。从女儿出生以来，甚至在那之前，我和丈夫只是维持表面关系。我们很难有亲密的聊天。他不是在看电视就是玩手机。太伤人了……我真的很生气。

C（男性，68 岁，犹太人）：我的妻子似乎没有任何和我在一起的需求。无论是在性、语言，还是身体方面，她都不愿和我有亲密接触。

D（女性，77 岁，犹太人）：我和我的这位朋友关系太亲密了。他总想做爱，而且总是同样的三四个问题反复说。不过，性生活还是很棒的。

A（对 D）：你还记得你说过你不想做爱，也不想要这个男的吗？

D：没错……但我听了大家的意见。这是我有生以来第一次没有内疚感、没有焦虑地做爱。我无拘无束地投入，我只是享受他和我的身体，以及我们的关系。

E（男性，50 岁，犹太人）：我希望我女朋友也像你说的这样。她给我的感觉就好像总有一些事情我忘了去做，总有一些事情让我感到内疚。我真的很佩服你，D，在你这个年纪还能享受性生活。

罗比对 A：当我听到你从团体里得到回应时，A，我想知道你是否会把你丈夫的疏离与你对别人的依恋（attachment）联系起来。可能他伤人的态度是一种与你的对话，也是和你对这位年轻同事的感情的一种对话。

A（声音颤抖）：两天前，我梦见我丈夫回到家，当时我坐在沙发旁。那个年轻人的弟弟躺在沙发上。我醒来后非常害怕，几个小时都睡不着觉。

D：我现在感觉到，我要让自己去感受性爱。我经常反思我的成长和教育经历。我的父母不允许家里有任何欢乐、乐趣或让身体兴奋的东西。他们是两个大家庭和一个社区中仅有的幸存者。他们永远也忘不了这件事，而我……丈夫死了……他的成长经历和我的很像。幸运的是，我的女儿们不一样。但是我……当我抓到我 22 岁的女儿在亲一个男人时，我花了几个月的时间才把我对这种亲密关系的恐惧和愤怒变成喜悦，还有小小的嫉妒。

罗比对 F（女性，37 岁，阿拉伯人）：你没说话。你能分享一些事情吗？

F：大家能谈论这些事情我很震惊。虽然我选择来这个犹太团体是希望我也可以谈论这些，但我不敢这样做。我爱我的父母，但是他们每次享受生活的时候，都会觉得他们让我的祖父母失望了，忘记了家庭曾经的痛苦。因为我的祖父母不得不离开他们的村子，我的父母也没有如约把他们带回去。直到今天，我心中都非常难过。（对 D）我想知道你是怎么摆脱这种沉重感的。

罗比对 F：你好像扛着整个团队的重担，甚至是你家庭的重担。你似乎需要有人来解放你。我想了解这一点（我想 D 的故事和你的分享算是"解放"吧）。

C 对 A 说：我想在你的沙发上。

A：（笑）你太老了。

罗比：（我想：我是不是也太老了？）谁在你的沙发上、谁在沙发旁，你可以自由选择，不过这个选择既重要又让人害怕。

仔细分析上述对话，我认为这是一场围绕希望与恐惧，欲望、荣耀与创伤的健康对话，无需一个"解决方案"。

（我的）个人矩阵

矩阵由团体或社会的关系和文化、社区的交流网络构成。虽然我们只有一个矩阵，但临床医生习惯于将个体的、动力的和基础的视角称为"矩阵"。吸引我注意的是排斥和拒绝、亲近感和距离感的矩阵。为什么 A 会在梦中恐慌？另一个男人对她的吸引让她害怕吗？我倒觉得她害怕丈夫的惩罚和家人可能的拒绝。77岁的D终于享受到了性自由，并在得到团体前所未有的接纳时，体验到了引人关注的荣耀。她被人爱着（这也许是终极荣耀），更接近一个新的、自由的矩阵。更有趣的是：她的情感并不是通过治疗她的病理结构推进的，而是通过她的新矩阵，以及矩阵对融入、排斥和拒绝焦虑等情绪的精细加工而产生的社会影响而促成的。

我对拒绝和排斥进行了区分。拒绝是一个团体或社区对一个成员的社会驱逐，这种感觉等同于死亡。拒绝就是毁灭（Hopper，E.，Weinberg，H.）。当撒拉说服亚伯拉罕把夏甲和她的儿子以实玛利赶出帐篷时，他们前后两次被驱逐到死亡的沙漠中。这就是"拒绝"。

排斥是另一回事。排斥是被团体的边缘化。它与"正常的"俄狄浦斯情境相关，在这种情境中孩子们学习如何应对边缘化和暂时未被接纳进入"父母在场"①的情境。排斥渐渐渗透我们的个人和职业生活，不像拒绝那样具有破坏性。⁴被拒绝和长期受到排斥会让你生病。融入则可以治愈。拒绝是创伤，融入是荣耀——两者是对话中的两极。

反思我们的反法西斯历史，荣耀一直是团体分析的一块红布②。权威和荣耀之间的联系人们避而不谈，尤其受到鄙视，就像特朗普允诺的荣耀。但是，根据牛津词典，个人荣耀指健康、幸福、满足和社会钦佩，这种感觉赋予人们权能，特别是在社会共同认可的那些方面的荣耀。因此，我们应该重新思考在荣耀和创伤之间进行更加开放的对话。如果不在治疗中用到个人荣耀，我们最终可能会过度专注于治疗创伤，而未能与重要的个人动机建立联系，这些动机应该被命名和涵容。荣耀可以和希望、信心放在一起，它们在治疗

---

① 父母在场（Parental Presence）：指的是父母从身体、认知、情绪、社交等各个方面给予孩子的陪伴与支持，它对孩子的发展有重要的影响。

② 红布（red rag）：原指斗牛士的红布，后引申为引起愤怒的东西。

工作中都是有帮助的。如果一个人的荣耀是另一个人的创伤，那么最好以它为着力点，帮助它找到自己的声音，而不是仅仅去解读、评判或忽视！荣耀是否因性别的差异而有所不同？[5] 似乎很少有新的参与者在没有个人和社会荣耀的幻象和融入的安全感的情况下进入我们的团体。[6] 例如，就我个人而言，我的荣耀来自我的团体病人的幸福、他们逐渐提高的相互治愈的能力。我的荣耀还来自我的七个孙子孙女。像我们的许多病人一样，与融入和荣耀相比，我们更擅长拒绝和受创。

下面是我的亲身经历[7]——一个关于移民后的创伤和（小）荣耀的故事，也是一个难民通过超个人和跨代的努力来应对拒绝和创伤的示例。

我出生在战争的余波中。1942 年，我母亲从柏林逃到南美洲的乌拉圭。战后，她和早些时候逃离欧洲的父亲一起把在难民营中幸存下来的家人接到身边。在我童年时期我的家人关注的是分离、悲伤、幸存者的愧疚和……幸存者的荣耀。他们以一种荣耀的方式对待我和我的表弟，他们爱我们胜过一切。我们就像后大屠杀时代皇冠上的明珠①，甚至更珍贵……我们是他们曾经渴望的那片面包。后来，我的父亲去世了，世界再次崩塌，物质和精神营养的短缺让拒绝和创伤再次上演。例如，我母亲决定把我转到蒙得维的亚的德国学校，这所学校刚刚重新开学，以前是纳粹在乌拉圭的总部。这意味着，从 5 岁到 13 岁，我，一个犹太男孩，在一个有 35 个逃亡纳粹孩子的班级里学习，随之而来的是一个接一个的暴力事件。

在她自己受尽纽伦堡种族法的排斥和后来的拒绝后，是什么让

---

① 皇冠上的明珠（the jewel in the crown）：指某件事物最耀眼、最成功的一部分。

一位犹太母亲把她的儿子置于相同的境地？我母亲在 13 岁时被禁止去她那所德国学校上学。同时她朋友家也不让她去，她朋友的父亲是在纳粹集中营中被击垮的社会民主党人。

如此，我这个犹太小男孩与纳粹的孩子待在一所学校中，我母亲被排斥的经历在我身上重演了。直到第三学年末，我才终于得到一位同学的邀请到他家做客。但是，门一打开，"它"，一张希特勒行纳粹礼的大幅照片，就立在我面前。我的同学没有告诉他父亲我是犹太人，但他父亲注意到了我的困惑，便向我解释说，希特勒是一位优秀的领导人。除了在被占领的德国，在乌拉圭的拉普拉塔河地区，纳粹矩阵继续存在了几十年。在结束我自己关于排斥和拒绝的故事之前，我在这里承认，尽管有希特勒，为了能和同学一起玩耍、被接纳，我还是忍不住走进了他们的家。我认为这是一个很好的社会性选择，过了一段时间，我注意到，希特勒的照片被移开了。

我认为我母亲并不是有意要让我受苦，而是恰恰相反：如果我在这场磨难中幸存下来，她希望我们这个家庭的命运会有改变。我通过融入被排斥的社会而得到"治愈"，也疗愈了她自己的创伤。第二代人可以通过这种超个人的"魔法"治愈第一代人的创伤。福克斯提出的"超个人"的概念暗示着情感是通过人来传递的，这是我自己思考的基石。希望年轻人能帮助家庭"融入成功"，这是跨代移民对荣耀的普遍幻想。[8] 今天，我相信，一些被拒绝的创伤，只有通过重新融入曾被拒绝的团体才能真正得到疗愈。这包括被驱逐的德国犹太人[9]和巴勒斯坦难民。

我希望这个真实的故事能展现一些被社会拒绝的影响，个人对融入和荣耀的希望，以及代际关系治疗创伤的可能。我相信我的分析性团体的成员也如此认为，通过接纳与 D 的关系和她的身体 / 性关系，他们自己也得到了治愈。[10]

动力矩阵——共同创造的团体关系中的超个人性

现在回到这个团体的例子。A 做了一个可怕的梦，梦中她的丈夫回到家，看到她坐在沙发旁，沙发上有个男人。

梦的旅程以个人努力精细加工过剩的情感开始。然后，第二步，梦可能会被说给伙伴们听，请求涵容。A 的梦可能是在努力精细加工她自己的和丈夫的拒绝焦虑。[11]然后，A 把她的梦扔进这个团体的网络，由此进入第二步——共同创造一个共享的人际关系精细加工空间。我把这两个步骤称为述梦，这是超越梦者自己有限的涵容能力，在个人的努力下，对强烈的情感进行精细加工的过程。

述梦具有令人着迷的（和神奇的？）可能：A 的梦有可能是"为"他人而做的。投入的听众，即"一起做梦的梦者"（Grotstein，1979），成为 A 的精细加工伙伴。通过分享他们对温暖关系的渴望和对被拒绝的挫伤经历，他们增强了对该团体涵容潜力的信任。在矩阵中，焦虑转化为欲望，欲望又转化为焦虑。有一位男士甚至想成为她沙发上的那个男人。在短暂的时间里，这个团体上演了这个梦的剧本：充满激情的幻想和"沙发上"的爱情几乎以噩梦告终。在梦的支撑下，这个团体关于潜在的荣耀和创伤的对话影响了每个人，包括我。

团体分析治疗中的互动为什么会如此开放、值得信任？从融入 / 拒绝的角度来看，我的结论是，这种信任是建立在我所说的家庭中"不拒绝"的"承诺"的基础上的。这种"承诺"在任何家庭甚至功能失调的家庭中是最基本的。这种承诺可被转移到小团体中。想得到不被拒绝的承诺，和害怕被拒绝一样，似乎都是一种主要的社会动机。如果团体成员得到不会被拒绝的承诺：没有激情禁忌，没有超我判断，他们就会获得融入安全感（inclusion security）。在述梦的过程中，参与精细加工的伙伴作出不拒绝的承诺，将梦从"通往梦者心理的皇家大道"转变为"'通过他人'通往心灵的皇家大道"（Friedman，2002）。在梦的潜在交流中，特别是它对涵容的请求、对影响的需求，融入的安全感是不可缺少的。这就是（我的）团体分析的"梦的核心"。

基础矩阵与分析性大团体

其中一位阿拉伯参与者 F 说：我来到这个犹太团体，是为了自由谈论作为基础矩阵的"犹太"和"阿拉伯"社会。他们有自己的文化和独特的交流方式。但个人在成长中往往需要与自己的基础矩阵分离，因为它会限制个人的思维和行为模式。F 决定加入我们的小团体，小团体似乎是处理她的个人矩阵的最佳点，她想与她的基础矩阵保持距离。实际上，处理社会方面和基础矩阵的最佳设置似乎是大团体。例如，在我们的小团体中，犹太人大屠杀和巴勒斯坦灾难日之间的对话并没有真正"社会化"——它只是用来分享抑郁症和性抑制的跨代模式。在一个大团体中，犹太人大屠杀和巴勒斯坦灾难日会威胁到沃尔坎所说的"大团体身份"（Volkan，2004）。在领土、无法接受的罪恶感和权力、创伤、荣耀等问题上将出现有价值的冲突和交流。现在让我们更深入地了解大团体分析过程和社会现象。

大团体的团体分析方法

在过去的几十年里，团体分析师在带领大团体时，逐渐从塔维斯托克式[①]

---

① 塔维斯托克式（Tavistock style）：比昂曾提出"团体整体"的治疗方法（group-as-a-whole approach），也被称为"塔维斯托克方法"。这种治疗模型更强调团体作为整体的无意识动力，可以让个体避免讨论他们自己的创伤史，从而对创伤进行更具普遍性的讨论。由此，团体成员可以在有足够安全感的前提下去讨论一些痛苦的事件。

的团体治疗方法转向我们自己的方法。其原因是，我们把小团体的分析经验带入大团体，效果良好。我认为有以下五种团体分析"位置"已经从小团体转移到了大团体。

1. 个体在团体中的重要意义。在福克斯学派的团体方法中，"中心就是个体"（1975）。也许我们应该对埃利亚斯（Elias，1991）[12] 和密斯（Mies，2017）说：中心是"个人的团体"。这个"个体"不是封闭的人（a homo clausus）（Lavie，2007；Penna，2016），而是一个开放的、"超个人"的个体，这个个体应该在一个团体的语境中。[13] 大团体中，就"团体整体"中个体的"人格化"而进行对话的过程，就是个体变得开放和超个人的过程。

2. 在工作中更加信任团体。在经历和见证了多年来在持续的分析性团体中涵容焦虑和冲突后，"信任团体"是带领者和参与者不断演化的情感态度。例如，A 信任团体，讲述了一个涉及羞耻的梦；C 信任团体，透露了他对 A 的愿望；D 信任团体，采纳团体建议不要拒绝她的男朋友。一个值得信任的带领者可能会以不同的方式影响大团体的矩阵，而不是试图控制可怕的暴力和精神病症（Foulkes，1975）。建立信任不是乌托邦。我们的经验是，信任让团体的冲突和攻击得以出现在不那么焦虑或激愤的氛围中。

3. 参与者的交互性治疗。分析性团体的治疗能力是建立在所有参与者（包括带领者）交互的基础上的。当 D 对这群人说"我认真听了你们说的话"时，这个过程演示了人与情感之间对话的基本转变机制（Schlapobersky，2015）。团体治疗师让交流变得越来越顺畅，而不是仅仅依靠他们自己独特的、治疗性的方法。

4.（治疗）权威的去中心化。团体分析带领者的任务是，一方面要为每一个参与者提供安全的边界，另一方面要让参与者在自己的空间中成长为自我治疗的权威。带领者从以领导者为中心转向以团体为中心（Agazarian，

1994），不停的转换可给成员"断奶"①（Foulkes，1964：40），其中也包括带领者的边缘化（见图3）。

5.运用独特的"社会无意识"。团体分析对"无意识"的观点要比个人精神分析疗法复杂得多（Nitzgen and Hopper，2017；Hopper and Weinberg，2015；Mies，2017；Scholz，2014）。团体分析将无意识过程视为一个三元矩阵，或者说，它提供了一个关于基础、个人和共同创造的动力过程的独特的视角，用我自己的话说即"三眼视角"（tri-ocular）。在我的临床思维中，"团体中的个体"（individual-in-the-group）、个体的团体（the group-of-individuals）和社会语境（social context）三者均包括无意识的视角，共同创造了一种特殊的音乐。它们共同演奏了一首受融入和拒绝、渴望和归属感所触动的交响乐。这首乐曲充满了创伤和荣耀的旋律。

荣耀与拒绝的团体分析方法？

上述五个方面不仅描述了团体分析师将小团体中的某些东西带入大团体的实践，还促进了创伤和荣耀之间的特殊对话。因为这五种方法为小团体[14]的参与者提供了他们渴望的"不排斥"承诺，并赋予大团体中的个人以权能。"个体的团体"的非权威行为和如梦般的自由交流方式，使人们在遭遇创伤时也能获得个人和社会的荣耀。

士兵矩阵——在大团体之后对社会的重新思考

在战争威胁、生存焦虑和对荣耀的希望的影响下，士兵矩阵这一概念（Friedman，2015）鼓励对社会和个人进行反思。在士兵矩阵中，每个人——

---

① 断奶（wean）：戒断。福克斯曾说："带领者的目标就是让团体在'以领导者为中心'的状态中断奶。"

妇女、儿童和老人——都被"征召"，只有士兵才有使命。所有人都觉得自己被征召到身份认同和高效运作中扮演谨慎、僵化的"无私"（self-less）角色。为了（光荣的）"事业"，男人被号召献出自己的生命；女人将再次成为（最好是）士兵的母亲，全身心为士兵服务。在我的团体中，经历创伤的犹太和阿拉伯参与者的父母，将"无私"这一文化强加于士兵矩阵之中，并将爱欲等情感赶出家门。

士兵矩阵的一个核心特征是，国家、亚团体和个人的羞耻感、内疚感和同理心逐渐丧失。如果没有这些抑制攻击性的情绪的影响，去人性化不仅会主导人们与敌人的关系，而且还会导致更大的牺牲——包括他们的孩子。

在士兵矩阵中，带领者、拒绝、创伤和荣耀可催眠每一个人，入侵和占据整个社会和每一个个体，每个人都梦想实现社会目标。我认为以色列是一个大大的士兵矩阵，其中包括犹太人和巴勒斯坦公民。

对我来说，士兵矩阵的悲剧是，父母在孩子入伍时找到了荣耀。它重复了以撒的燔祭 [1]（Friedman，2017），我在与耶尔·杜隆（Yael Doron）合编的书《牛奶与蜂蜜之地的团体分析》（2017）中描述了这一点。亚伯拉罕对被上帝拒绝的恐惧和对荣耀归属的需要使他付出了最终的代价：他献出了他心爱的儿子。我认为他过度认同自己的矩阵，其个人需求和社会需求的无私对话是有缺陷的。在大团体中，我们希望情况会有所不同（见图4、图5）。

与自己的矩阵保持距离

我承认，我花了很多年的时间，才与我早期对以色列矩阵的完全认同拉开距离。从成为一名作战军官到进行反思，这是一段漫长的旅程。与敌人会

---

[1] 以撒的燔祭（Isaac's Akeda/Binding）：《旧约·创世纪》中的故事。上帝为了考验亚伯拉罕，让他把独生子以撒绑起来，杀了作燔祭，献给耶和华。

面进行和解谈判花了更多的时间。与自己的矩阵保持距离（士兵矩阵通常将其定义为"背叛"）虽然痛苦，但在团体中讨论创伤和荣耀，个人可以获得成长。以杰出人物如总理拉宾（Rabin）或以色列作家阿莫斯·奥兹（Amos Oz）为榜样会有助益。"他者"，比如我在"远离奥斯威辛之门"（Away Of Auschwitz）的会议上遇到的那些德国人，他们也有与自己的矩阵保持距离的经历，这些经历具有启发性，它们教我如何精细加工被拒绝和毁灭的焦虑（见图6、图7）。

埃利亚斯[15]描述了几个世纪以来，德国士兵矩阵（最糟糕的矩阵）是如何成为现实的。欧洲那些可能受过最好教育、接受过心理分析的人，都有痛苦的分裂的经历，那些"真正"有归属的人被许以爱、高位和荣耀，而其他矩阵则被去人性化，并注定要受创甚至毁灭。第二次世界大战结束后，纳粹德国的下一代，我们的德国同事，他们中的许多人坐在这里，花了足足50年时间才从情感上艰难地剥离了他们的士兵矩阵。正如我在柏林研讨会开幕式上所说的：这是一项独特的、共同创造的、在其他矩阵协助下取得的光荣的社会成就。这一过程有与自己的父母、祖父母和各种社会机构的痛苦冲突，也有向反士兵矩阵的转变。

将其翻译为以色列士兵矩阵（Israeli soldier's matrix）这一表述，似乎表明我们的社会向多元化、自我批评打开大门，也表明我们越来越清醒地意识到对过度认同的危险，这代表着过去几十年来一个重大但脆弱的变化。叙利亚和黎巴嫩等邻国士兵矩阵的创伤和荣耀，使得我们对阿拉伯和犹太社群之间的跨代恐惧、过度认同、大众化和分裂的精细加工更加困难。我希望你们能理解创建和应用三明治模型对我来说是多么重要，因为它有助于对盲目的社会暴力和冲突中固有的不人道行为进行精细加工，即使只迈出了这一小步。

三明治模型方法——将团体分析应用于冲突

我们中的许多人都曾在二元空间和小团体中尝试过展开冲突对话，他们痛苦地认识到，在二元空间和小团体中的和解往往是虚幻的。为了在仇恨的精细加工方面取得可持续的结果，我们需要在大团体中工作。为什么？一方面基于前面提到的"不拒绝"的无意识家庭承诺，接纳性高的小团体能容忍各种各样的想法，这种多元化在后来与自己的矩阵发生冲突时很容易被抛弃。另一方面，与社会类似，大团体挑战接纳的承诺，鼓励参与者对社会荣耀、仇恨和恐惧进行反思，这种距离化立场使其更具韧性。这就是为什么，像玛丽娜·莫约维奇（Marina Mojovic）和其他人一样，我发现有必要将大团体应用于民事发展与和解，尽管大团体的氛围是陌生的、神秘的。

将大团体设置在两个小团体之间，并重复这种"三明治"设置，会让大团体更容易操作，更易做小结。比如，这个项目在晚上举行，一次持续三个半小时，先是一个简短的介绍，接着设置一个小团体，再设置一个大团体接另一个小团体，最后简短小结。2016 年 12 月，在拿撒勒，当一个阿拉伯‐犹太人组织[16]无法再涵容新出现的"麻烦"时，他们给我们打电话求助。巴勒斯坦灾难日、以色列大屠杀和以色列独立日使他们情绪激动。然后，在三个晚上的团体分析中，60 名犹太人和 60 名阿拉伯以色列人在倾听昔日敌人的声音时找到了自己的声音。他们被分成 12 个小团体，由来自以色列团体分析研究所的志愿者带领。马利特·米尔斯坦（Marit Milstein）、尼默·赛德（Nimer Said）和我共同带领这个大团体（见图 8）。

第一次拿撒勒大团体火药味很浓，愤怒的阿拉伯男子不断控诉着，除了少数几位犹太女性，其他参与者只能保持沉默。我发现自己担任了交警的角色，我们勉强控制住了这个混乱场面。在第一次会议之后，我们迫切需要专人来组织。

然而，这一大团体发生了变化：几乎失去的信任，在第二天的团体中又重新获得了。慢慢地，交流顺畅了，冲突双方的关系也有了改变的迹象。冲突对话六个月后，他们以社区之名起草了一份名为《走向和解》的宣言（见图9）。

我向感兴趣的团体分析师建议：试试吧，我们之所学就是为了做出这样的贡献。这种三明治模型[17]对建立一场艰难的对话、促进双方理解有一定的推动作用。这段旅程看起来既不轻松也不光荣。

我们的经验是有说服力的：在拿撒勒大团体，在有不同立场的基布兹集体农场，在冲突不断的村庄和学校，三明治模型促进了情绪冲突中的"大团体中的个体"开展对话。

小团体和大团体结合的三明治模型可以涵容社群成长中的社会问题。通过举行一次建构性的会面，我们分别与犹太矩阵和阿拉伯矩阵保持更健康的距离。我们一起远离拒绝和破坏性的荣耀，朝着重新接纳巴勒斯坦人、朝着治愈士兵矩阵迈出了一步。这是（我的）团体分析的社会核心。

注　释

1. 本章内容曾以同名发表于《团体分析》：Friedman, R. (2018) Beyond rejection, glory and the Soldier's Matrix: The heart of my group analysis. *Group Analysis*. 51(4) 1–17.

2. "超我"和"理想自我"是个人内心对潜在的拒绝和荣耀的概念化。

3. 该研究将归属团体视为治愈性的，将被拒绝视为痛苦的。

4. 只有慢性边缘化，就像我在"排斥关系障碍"中描述的那样，才会导致抑郁、愤怒和心身疾病。

5."男人杀人，女人爱人？"

6.关于"家庭承诺"，将有后续论文描述相关概念。

7.分享我的个人故事是为了提醒人们，80年前的难民历史，今天又在数百万难民的跨代和超个人的困难中重演了。我以此向那些尽最大努力在创伤中幸存下来的人们致敬。

8.后来，我也把母亲的拒绝焦虑理解为一种"涵容的请求"。但这种荣耀仅仅是对受创的防御或一种基本的动力吗？

9.参见《而你，没有回来》（*But You Did Not Come Back* by Marceline Loridan-Ivens）一书，从中可以看到法国人对大屠杀的类似看法。

10.就像所有的团体分析概念一样，拒绝和荣耀这两个术语是相对的。

11.因为她告诉他，她很害怕，很矛盾，那是在她家里，她不会离开的。

12.参见密斯的著作（Mies，2017）。

13.这是福克斯最初的观点，派恩斯（Pines）和其他人亦持这种观点。

14.代表了（福克斯的幻想中的）移民的天堂：一个"没有拒绝的家"。

15.埃利亚斯描述了"德国士兵矩阵"在150年的战争中的形成过程。

16.《走向和解》涉及参与合作的以色列阿拉伯人和犹太人。

17.还受到人类关系设置的影响。

参考文献

Agazarian, Y. M.（1994）The Phases of Group Development and the Systems-Centered Group. In V. L. Shermer and M. Pines（Eds.），*Ring of Fire*（pp. 36–86）. London: Routledge.

Elias, N.（1939 [1991]）Die Gesellschaft der Individuen. In N. Elias（Hrsg）*Die Gesellschaft der*

Individuen（pp. S.15–98）. Frankfurt/M.: Suhrkamp.

Foulkes, S. H.（1964）*Therapeutic Group Analysis*. London: Karnac.

Foulkes, S. H.（1975）Problems of the Large Group. In E. Foulkes（Ed.）,（1990）*Selected Papers*（pp. 259–269）. London: Karnac.

Friedman, R.（2002）Dream-Telling as a Request for Containment in Group Therapy – The Royal Road Through the Other. In C. Pines, C. Neri and R. Friedman（Eds.）, *Dreams in Group Psychotherapy*（pp. 46–67）. London and New York: JKP.

Friedman, R.（2015）A Soldier's Matrix: A Group Analytic View of Societies in War. *Group Analysis*, 48（3）: 239–257.

Friedman, R.（2017）The Group Analysis of the Akeda: The Worst and the Best Feelings in the Matrix. In R. Friedman and Y. Doron（Eds.）, *Group Analysis in the Land of Milk and Honey*. London: Karnac, pp. 61–74.

Grotstein, J. S.（1979）Who Is the Dreamer Who Dreams the Dream and Who Is the Dreamer Who Understands It. *Contemporary Psychoanalysis*, 15（1）: 110–169.

Hopper, E. and Weinberg, H.（Eds.）.（2015）*The Social Unconscious in Persons, Groups and Societies: Volume 2: Mainly Foundation Matrices*. London: Karnac.

Lavie, J.（2007）'Open People', 'Homo Clausus' and the '5th Basic Assumption': Bridging Concepts Between Foulkes' and Bion's Traditions. *Funzione Gammascientific Telematic Journal: Issue: Truth and Evolution in 'O' in Bion's Work*. Università 'La Sapienza' register to Tribunale Civile di Roma. www.funzionegamma.edu/inglese/number19/lavie.asp

Marching Together（2017）Nazareth: Manifesto.

Mies, T.（2017）Das kommunikative Unbewusste. Anmerkungen zum Verhältnis von Psychoanalyse und Gruppenanalyse anhand eines Fallbeispiels von Sigmund Freud bzw. Theodor Reik. Gruppenpsychother. *Gruppendynamik*, 2011（47）: 151–166.

Nitzgen, D. and Hopper, E.（2017）The Concepts of the Social Unconscious and of the Matrix in the Work of S. H. Foulkes. In E. Hopper and H. Weinberg（Eds.）, *The Social Unconscious in Persons, Groups and Societies: Volume 3: The Foundation Matrix Extended and Re-Configured*. London: Karnac.

Penna, C.（2016）Homo Clausus, Homo Sacer, Homines Aperti: Challenges for Group Analysis in the 21st-Century. A Response to Haim Weinberg's 40th Foulkes Lecture. *Group Analysis*,

141

49 (4): 357–369.

Schlapobersky, J. R. (2015) *From the Couch to the Circle: The Routledge Handbook of Group-Analytic Psychotherapy*. London: Routledge.

Scholz, R. (2014) (Foundation-) Matrix Reloaded – Some Remarks on a Useful Concept and Its Pitfalls. *Group Analysis*, 47 (3): 201–212.

Urlic, I. (2004) Trauma and Reparation, Mourning and Forgiveness: The Healing Potential of the Group. *Group Analysis*, 37 (4): 453–471.

Volkan, V. D. (2004) *Blind Trust: Large Groups and Their Leaders in Times of Crisis and Terror*. Charlottesville, VA: Pitchstone Publishing.

English-Chinese Terms Used

英汉对照术语

5 Group-Analytic positions　五种团体分析位置

aggression　攻击性

aggression-inhibiting emotions　抑制攻击性的情感

alpha function　阿尔法功能

annihilation anxiety　湮灭焦虑

anti-soldier's matrix　反士兵矩阵

belonging　归属感

change of identity　身份的改变

co-conscious/co-unconscious processes　共同意识 / 共同无意识过程

communication (in dreams)　（梦中的）交流

conductor-in-the-group　团体中的带领者

conductors　带领者

conflict dialogue　冲突对话

container/contained model　容器 / 被涵容者模型

container-on-call　随时待命的容器

containment　涵容

coping mechanisms　应对机制

daughter-father bond　女儿－父亲纽带

deficiency relation disorders　缺陷关系障碍

dehumanization processes　去人性化过程

de-identification　去身份认同

demand for influence　对影响的需求

diagnostic approach　诊断性的方法

dreamers　梦者

dreaming　做梦

dream-listening　倾听梦

dream of the group　团体的梦

dream for someone else in the group　团体中为其他人做的梦

dreams　梦

dreamtelling　述梦

dynamic matrix　动力矩阵

efficiency principle　效率原则

ego-syntonic feelings　自我协调的感受

ego-training in action　训练自我的行动

elaborative partners　精细加工的伙伴

emotional difficulties　情绪困难

emotional elaboration　情绪的精细加工

empathy　共情

exclusion　排斥

exclusion relation disorders　排斥关系障碍

external containment　外部容器

face-to-face encounters　面对面接触

feelings, shared between dreamer and audience　情感，梦者与听众共同拥有的感受

formative use of dreams　梦的塑造性作用

foundation matrix　基础矩阵

fragmented dreams　破碎的梦

freedom of association　联想的自由

fundamental turn of mind　思维上的根本转向

gender differences　性别差异

German matrix　德国矩阵

glory/glories　荣耀

glory-trauma continuum　荣耀－创伤连续统一体

group analysis　团体分析

group-analytic concept　团体分析的观念

group dream 团体梦

groups 团体

group sandwich model 团体三明治模型

group therapy 团体治疗

guilt 内疚感

guilt wars 内疚战争

hatred-training in action 行动中的仇恨训练

hidden meanings 隐藏的意义

identification 认同

Identified Caretaker 被认定的照顾者

Identified Patient 被认定的病人

IDI (International Dialog Initiative) 国际对话倡议

IIGA (Israel Institute of Group Analysis) 以色列团体分析研究所

inclusion 融入

inclusion in group 团体治疗中的融入

individual-in-the-group 团体中的个体

individual matrix 个人矩阵

individual nosology 个体疾病分类学

individual pathology 个体病理学

induced delusional disorder 诱发性妄想症

informative use of dreams 梦的信息性作用

interdependence of mother and child 母亲与孩子的相互依赖

interpersonal communication 人际交流

interpersonal dysfunctions 人际功能障碍

interpersonal maturity 人际关系的成熟度

interpersonal pathologies 人际病理学

interpretation 诠释

intersubjective   主体间性的

intersubjectivity   主体间性

intrapsychic aspects of dreaming   做梦的内在心理层面

Israeli matrix   以色列矩阵

large group identities   大团体身份

large group matrix   大团体矩阵

large groups   大团体

location of psychological diseases   心理疾病的位置

marginalization of others   边缘化他人

matrix   矩阵

distancing from the matrix of one's own   与自己的矩阵距离化

median groups   中型团体

mental processes, as multipersonal   心理过程：作为多人心理过程

Mind   心理 / 思维

mother-child relationships   母－子关系

Nakbah   纳克巴（灾难日）

narcissistic disorders   自恋障碍

Nazareth   拿撒勒

Nazareth sandwich   拿撒勒三明治

Nazi matrix   纳粹矩阵

neurotic psychopathology   神经症精神病理学

nightmares   噩梦

non-containment of dreams   梦的不涵容

non-dreamers   无梦人

object quality of relations   关系的客体质量

object relations theory   客体关系理论

One is none   一个就是没有

openness about feelings　感受的开放性

optimal therapy　最佳治疗

outsiders　局外人

over-identification　过度认同

parental containment　父母的涵容

paternal concern　父性关心

paternal preoccupation　父性贯注

pathology　病理学

patricide　弑父

personal glory　个人荣耀

personification　人格化

person-in-relations　关系中的人

phenomenological approach to dreams　梦的现象学方法

projective-identification-in-the-dream　梦中的投射性认同

promise of no rejection　不拒绝的承诺

protagonists　主角

psychoanalytical approach　精神分析方法

psychological diseases　心理疾病

psychological mindedness　心理感受性

reciprocal openness　交互开放性

reconciliation　和解

re-dreaming the dream　重新梦到这个梦

regression　退行

rejection　拒绝

rejection anxiety　拒绝焦虑

rejection relation disorders　拒绝关系障碍

relating dreams　讲述梦

relational approach to therapy　治疗的关系性方法

relational thinking　关系性思维

relation disorders　关系障碍

relations pathologies　关系病理学

remembering dream　记住梦

reported dreams　呈报的梦

Request for Containment　涵容的请求

Royal Road　皇家大道

safe spaces　安全空间

Sandwich Model　三明治模型

scapegoater-matrix　咎羊者矩阵

scapegoating　找替罪羊

Self　自体

self-abandonment　自我放弃

self-containment of dreams　梦的自我涵容

selfishness　自私

selflessness　无私

selfless relation disorders　无私关系障碍

self-psychology model　自体心理学模型

self relation disorders　自体关系障碍

self-sacrifice　自我牺牲

shame　羞愧感

shared psychotic disorder　共有的精神障碍

Social Dreaming　社会梦

social glory　社会荣耀

social unconscious　社会无意识

social violence　社会暴力

socio-cultural systems　社会文化系统

soldier's matrix　士兵矩阵

supervision　督导

structured　结构式的

therapeutic space　治疗空间

transference　移情

transformation/transformative use　转变 / 转变性作用

transgenerational transmission of dream sharing　分享梦的代际传递

transpersonal　超个人性

trauma and glory　创伤与荣耀

tripartite matrix model　三方矩阵模型

unconscious　无意识

written dreams　被写下来的梦

图 1 以同心圆的形式会面的大团体

图 2 提供最大可能面对面接触

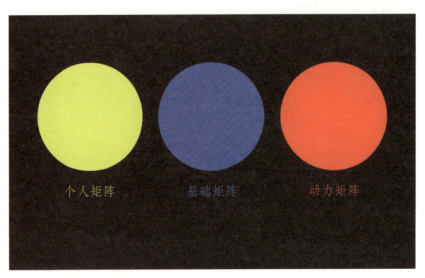

图 3 总览

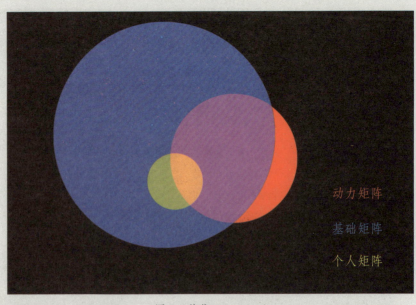

图 4 独裁

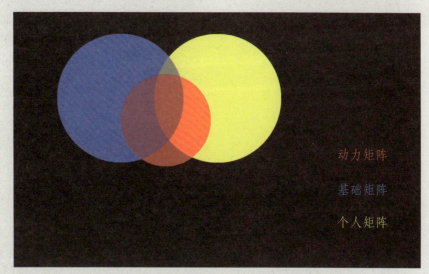

动力矩阵

基础矩阵

个人矩阵

图 5　民主

动力矩阵

基础矩阵

个人矩阵

图 6　士兵矩阵

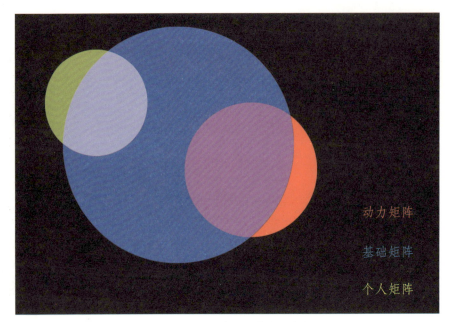

动力矩阵

基础矩阵

个人矩阵

图 7　与士兵矩阵的分离和距离化

图 8　拿撒勒大团体（2017 年）

MARCHING TOGETHER

Manifest (2017)

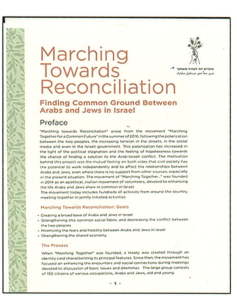

图 9　拿撒勒大团体发表的宣言《走向和解》

　　罗比·弗里德曼关于精神分析思维的观点令人耳目一新，读者将深受吸引。述梦作为一种处理梦的方式，不仅可修通过剩的情感，其本身也是有影响力的交流方式。他认为心理病理学产生于关系性的参考框架，且可在其中得到治愈。他的"士兵矩阵"概念引发了人们对受威胁的社会、社会创伤和社会荣耀的思考。无疑本书会启发你的思想，触动你的心灵。

　　　　——维米克·沃尔坎（Vamik Volkan），美国精神分析协会杰出会员
　　美国医师协会会员，国际知名精神科医生，国际对话倡议组织名誉主席

　　本书非常值得一读。罗比·弗里德曼关于梦的关系性、超个人性和交流性方面的研究，以及关系障碍和士兵矩阵的概念，发展且更新了福克斯的基本思想。他提出的将小团体和大团体相结合的三明治模型，给治疗个人障碍和社会障碍、解决冲突提出了一种建议。

　　　　——格尔达·温瑟（Gerda Winther），临床心理学家
　　曾任国际团体分析协会的首席心理学家、主席

　　罗比是一位创新者。他对团体分析的独特见解融合了领导力的培养。阅读这本论文选集，我们既能欣赏到他作为一位理论家的风采，又能感知到一个梦者的亲近。他的独创性将激励未来的读者，帮助他的家园以

色列塑造一个道德标准。

——约翰·斯拉普波斯基（John Schlapobersky）

伦敦团体分析研究院培训分析师、督导和教师

伦敦大学伯克贝克学院的研究员

弗里德曼博士的述梦理论极大地影响了我在团体治疗中对梦的一系列工作。在了解了弗里德曼博士的述梦理论和方法后，我不再把团体组员报告的梦理解为他个人的，对梦的工作也不仅限于理解显性材料背后的隐性意义，而是将这些梦看作梦者带给团体的礼物，来帮助团体组员和整个团体更好地进行自由联想和自由交流。正如弗里德曼博士所说，这些梦的"价值在于关系"。

……我相信对国内的精神动力学、团体分析取向的团体治疗师和咨询师来说，弗里德曼博士的这本书是非常有吸引力的，非常有启发性的，一定会拓宽和加深我们对个体、关系、团体和社会的认识与实践。

——徐勇，上海市精神卫生中心副主任医师

中国心理卫生协会团体心理辅导与治疗专业委员会副主任委员

这真是一本好书。它极大地激发了那些对人类的梦感兴趣的人们的灵感，而这些灵感帮助我们生生不息。

——李仑，亚洲存在主义团体学会创办者

武汉存在主义取向研究院创办者

中国团体分析学院联合创始人